Mayyadah Abed
Jawad K. Oleiwi
Mohammed S. Hamza

Melhoria das propriedades do piso do pneu através da adição de SiO_2 e Al_2O_3

Mayyadah Abed
Jawad K. Oleiwi
Mohammed S. Hamza

Melhoria das propriedades do piso do pneu através da adição de SiO_2 e Al_2O_3

ScienciaScripts

This book is a translation from the original published under ISBN 978-3-659-82992-5.

Publisher:
Sciencia Scripts
is a trademark of
Dodo Books Indian Ocean Ltd. and OmniScriptum S.R.L publishing group

120 High Road, East Finchley, London, N2 9ED, United Kingdom
Str. Armeneasca 28/1, office 1, Chisinau MD-2012, Republic of Moldova, Europe
Printed at: see last page
ISBN: 978-620-8-19908-1

Índice:

بسم الله الرحمن الرحيم

﴿ سنريهم آياتنا في الآفاق

وفي أنفسهم حتى يتبين لهم

إنه الحق أو لم يكف بربك

إنه على كل شيء شهيد ﴾

صدق الله العظيم

سورة فصلت
الاية (53)

Dedication

To Everyone Who Likes Science and Knowledge

To My Family and Friends

To All Persons Who Helped Me

To Perform This Research

To My Country; Iraq

Mayyadah Sh. Abed

Agradecimentos

Gostaria de expressar a minha gratidão e apreço aos meus supervisores, ***Dr. Jawad K. Oleiwi*** e ***Dr. Mohammed S. Hamza***, pelos seus valiosos esforços, orientação, apoio e encorajamento durante todo o período desta investigação.

Um agradecimento especial a todos os trabalhadores das ***fábricas*** de borracha de ***Al-Khalid*** e ***Al-Forat***, pela sua ajuda no período de preparação dos espécimes de borracha. Agradecemos também às empresas de fabrico de pneus (***Dewaniya e Babylon***) por nos fornecerem materiais e efectuarem os testes laboratoriais.

Os meus agradecimentos ao ***Dr. Mohammed H. Al-Maamory*** da Universidade da Babilónia, ao ***Dr. Ahmed A. Moosa***, ao ***Dr. Muhsin N. Hamza*** e ao ***Eng. Mohammed Ali Tariq*** da Universidade de Tecnologia, pelo seu contínuo encorajamento e apoio.

Agradecemos profundamente ao diretor e ao pessoal do Departamento de Engenharia de Materiais pelos seus esforços, cooperação e apoio.

Por último, gostaria de agradecer ao pessoal dos laboratórios de polímeros, metalurgia dos pós, resistência e extração de materiais do Departamento de Materiais de Engenharia. Os meus agradecimentos e gratidão vão também para o pessoal do laboratório de resistência - Departamento de Produção e Metalurgia da Universidade de Tecnologia pela sua ajuda na realização dos trabalhos experimentais.

الخلاصة

تم تحضير مادة متراكبة مطاطية مقواة بالدقائق, بواسطة اضافة حشوات التقوية بصورة منفصلة من السليكا و الالومينا و بنسب تحميل مختلفة (5, 10, 15, 20, and 25 pphr) الى نوعين مختلفين من المطاط هما المطاط الطبيعي و مطاط الستايرين بيوتادايين. ودراسة تأثير المتغيرات (نوع المطاط و نوع مادة التقوية ونسب تحميلها) على الخصائص الميكانيكية (اقصى مقاومة شد و معامل المرونة و الاستطالة و معمل الانضغاط و الصلادة ومقاومة البلى الاحتكاكي والارتدادية, وعلى الخصائص الفيزيائية (تأثير السوائل و الموصلية الحرارية و الكثافة النوعية).

حيث اظهرت النتائج بان الخصائص الميكانيكية ما عدا خاصية الارتدادية قد ازدادت عند اضافة مواد التقوية و مع زيادة نسب تحميلها. وقد كان تاثير حشوة السليكا على الخصائص اكثر من تاثير الالومينا. واثبتت التجارب العملية بان المتراكب ذات الاساس المطاط الطبيعي له خصائص ميكانيكية اعلى من المتراكب ذات الاساس الستايرين بيوتادايين ما عدا خاصيتي الصلادة و مقاومة البلى الاحتكاكي . حيث كانت اعلى قيم لخصائص مقاومة شد و معامل المرونة ونسبة الاستطالة عند القطع و معامل الانضغاط هي (**70 MPa, 18 MPa, 350%** و **22.7 MPa**) على التوالي للمتراكب ذات الاساس المطاط الطبيعي المقوى بـpphr 25 من السليكا.

و اعلى قيمة لخاصية الارتدادية كانت (83.6 %) للمتراكب ذات الاساس المطاط الطبيعي المقوى بـ 25 pphr من الالومينا, لكن اقل قيمة للارتدادية هي للمطاط الستايرين بيوتادايين المقوى بـ 25 pphr من السليكا و كانت(65.59 %) . اما المتراكب ذات الاساس الستايرين بيوتادايين المقوى بـ 25 pphr من السليكا فيملك اعلى قيم للصلادة و اقل قيمة لمعدل البلى الاحتكاكي و كانت كالاتي(85 IRHD and 0.91 mm^3/mm) على التوالي .

وبخصوص التاثير على الخصائص الفيزيائية حيث تاثرت خاصية الانتفاخية بالسوائل بصورة ملحوظة بنسب التحميل لحشوات التقوية ولم تتاثر كثيرا بنوع مادة التقوية او بنوع المطاط.

اما خاصية الموصلية الحرارية فانها ايضا ازدادت عند اضافة حشوات التقوية وبزيادة نسب تحميلها, ولكن تاثير حشوة الالومينا كان اكبر من تاثير السليكا, حيث كانت اعلى موصلية حرارية هي للمتراكب ذات الاساس الستايرين بيوتادايين المقوى بـ 25 pphr من الالومينا و كانت قيمتها (0.44 W/m.°C). اما الكثافة النوعية ازدادت ايضا عند اضافة حشوات التقوية وبزيادة نسب تحميلها.

Resumo

O compósito de elastómero reforçado com partículas foi preparado adicionando cargas de reforço Al2O3 e SiO2 separadamente às duas matrizes separadas; borracha natural (NR) e borracha de estireno butadieno (SBR), em diferentes níveis de carga (0, 5, 10, 15, 20 e 25 pphr). Também são efectuados muitos ensaios específicos nestes compósitos. Foram estudados os efeitos das variáveis (tipo de matriz, tipo de cargas e respetivo nível de carga) nas propriedades mecânicas, que incluem: resistência à tração final, percentagem de alongamento na rutura, módulo de elasticidade, módulo de compressão, dureza, resistência ao desgaste por abrasão e resiliência ao ressalto. Foi também estudado o efeito sobre as propriedades físicas, que incluem: inchamento, condutividade térmica e gravidade específica.

Os resultados mostraram que as propriedades mecânicas, exceto a resiliência, aumentaram com a adição de ambos os tipos de cargas de reforço e com o aumento do nível de carga das mesmas. As cargas de sílica aumentaram estas propriedades mais do que as cargas de alumina. Os resultados indicam que o compósito de borracha natural tem melhores propriedades mecânicas do que o de borracha de estireno butadieno, exceto a dureza e a resistência ao desgaste por abrasão. O maior valor de resistência à tração final, módulo de elasticidade com 100% de alongamento, percentagem de alongamento na rutura e módulo de compressão foram (**70 MPa, 18 MPa, 350% e 22,7 MPa**) respetivamente para o compósito de borracha natural reforçado com 25 pphr de cargas de sílica. Enquanto que a percentagem máxima de resiliência foi (83,6%) para o compósito de borracha natural reforçado com 25 pphr de alumina. A resiliência mínima foi de (65,59%) para a borracha de estireno butadieno reforçada com 25 pphr de sílica.

A borracha de estireno butadieno reforçada com 25 pphr de sílica apresenta os valores mais elevados de dureza e os valores mínimos de taxa de desgaste por abrasão, que são (85 IRHD e 0,91 mm^3 /mm), respetivamente.

As propriedades físicas são significativamente afectadas pelas variáveis, de modo que o efeito dos líquidos (inchamento) foi distintamente afetado pelo nível de carga das cargas de reforço, mas não foi afetado significativamente pelo tipo de cargas de reforço e borrachas.

A condutividade térmica também aumentou com a adição das cargas de reforço e com o aumento do nível de carga das cargas de reforço. As cargas de alumina aumentam a condutividade térmica mais do que as cargas de sílica. A condutividade térmica máxima foi de (0,44 W/m.°C) para a borracha de estireno butadieno reforçada com 25 pphr de alumina.

A gravidade específica de todos os compósitos de borracha aumentou com o aumento do nível de carga das cargas de reforço.

CAPÍTULO 1

INTRODUÇÃO

1.1 Introdução

Muitas das nossas tecnologias requerem materiais com combinações invulgares de propriedades que não podem ser satisfeitas pelas ligas metálicas, cerâmicas e materiais poliméricos convencionais. Um compósito é um material multifásico fabricado artificialmente, quimicamente diferente e separado por uma interface distinta. Uma destas fases é designada por ***matriz***, que é contínua e envolve a outra fase, frequentemente designada por fase ***de reforço***, que consiste em três divisões principais: partículas, fibras e estrutural, que deve ser muito mais rígida e forte do que a matriz.

O compósito polimérico é considerado o tipo mais antigo de compósito, utilizado na maior diversidade de aplicações, bem como nas maiores quantidades, devido às suas propriedades adequadas à temperatura ambiente, facilidade de fabrico, baixa densidade, boa ductilidade e baixo custo. Os materiais poliméricos podem ser classificados de acordo com o seu comportamento com o aumento da temperatura (***termoendurecíveis, termoplásticos*** e ***elastómeros***) [1, 2, 3 e 4].

Neste trabalho, foi dada uma atenção considerável aos ***compósitos de elastómeros***. Os principais tipos de elastómeros são vulcanizáveis (convencionais), como a borracha natural NR, a borracha de estireno butadieno SBR, a borracha de nitrilo butadieno NBR, a borracha butílica IIR, a borracha de butadieno BR, a borracha de isopreno IR, a borracha de neopreno CR, etc. Estes vulcanizados de borracha são normalmente reforçados por cargas particuladas, de modo a que as cargas de reforço, como o negro de carbono, a sílica, a alumina e a argila, aumentem a resistência da borracha vulcanizada mais de dez vezes, para além de aumentarem a dureza, a rigidez, o módulo, a resistência à abrasão, a resistência ao rasgamento e o coeficiente de atrito para tração, ressalto ou resiliência. Outros materiais de enchimento, como ingredientes do sistema de vulcanização, antidegredantes, plastificantes e auxiliares de processamento, são necessariamente adicionados à borracha composta [5 e 6].

1.2 *Compostos de elastómeros*

O elastómero (borracha) é um polímero amorfo que apresenta deformações muito grandes quando sujeito a tensão e que regressa às suas dimensões originais quando a tensão é removida. Não há classe de materiais mais complexa e amplamente utilizada do que os compostos de borracha, devido às suas propriedades invulgares de flexibilidade, extensibilidade, resiliência e durabilidade, para além da sua capacidade de absorver partículas de enchimento como o negro de fumo, a sílica e a argila em quantidades que excedem o seu próprio peso, o que significa que têm uma grande variedade de propriedades [7 e 8].

1.3 *Aplicações de elastómeros*

Os componentes baseados em materiais de borracha desempenham um papel muito importante nos processos e produtos de engenharia. A aplicação mais importante da borracha é no sector dos transportes com pneus e produtos relacionados que representam quase (70%) da produção de borracha. Seguem-se as aplicações em correias planas, correias transportadoras em V e correias de transmissão de energia, bem como na indústria de mangueiras e vedantes. Outras aplicações especiais importantes da borracha são as almofadas de suporte de carga para pontes, tecidos revestidos, vestuário para chuva, calçado, tubos e tubagens, revestimento de tanques para fábricas de produtos químicos e armazenamento de petróleo, juntas e diafragmas, rolos de borracha, brinquedos, balões, artigos de desporto e uma grande variedade de produtos mecânicos [7, 8 e 9].

1.4 *Objetivo do estudo*

O objetivo deste trabalho é melhorar as propriedades de receita da banda de rodagem de pneus, adicionando as cargas de reforço (sílica precipitada e alumina) separadamente, para além do negro de fumo, aos elastómeros borracha de estireno butadieno SBR e borracha natural NR. Estas propriedades são: módulo de elasticidade, resistência à tração final, percentagem de alongamento na rutura, módulo de compressão, dureza: shore (A) e grau internacional de dureza da borracha (IRHD), resistência ao ressalto, resistência ao desgaste por abrasão, condutividade térmica, inchamento e gravidade específica.

1.5 *Layout da tese*

Este trabalho está dividido em seis capítulos. A introdução foi apresentada no capítulo um. No capítulo dois, faz-se um levantamento exaustivo da literatura, que dará uma ideia geral sobre a investigação. O estudo teórico é apresentado no capítulo três, que inclui os tipos gerais de elastómeros, as suas aplicações, as cargas de borracha, a elasticidade da borracha e a parte teórica dos ensaios utilizados. O trabalho experimental é abordado no capítulo quatro, que descreve o material utilizado, a composição da receita, o fabrico da borracha, a preparação dos moldes e das amostras e os equipamentos de ensaio. Os resultados e a discussão do trabalho experimental são abordados no capítulo cinco. Finalmente, as conclusões básicas deste trabalho e as recomendações para trabalhos futuros são apresentadas no capítulo seis.

CAPÍTULO 2

PRÉ-VISUALIZAÇÃO DA LITERATURA

2.1 *Revisão histórica*

O primeiro elastómero conhecido foi a borracha natural (NR). [th]No século XVI, os povos pré-colombianos da América do Sul e Central extraíam esta substância de árvores frequentemente designadas por "Hevea Brazilian" ou "caouttchuc", que significa "madeira que chora". [th]A borracha natural só atraiu o interesse dos europeus na segunda metade do século XIX. Charles Goodyear (em Inglaterra) e Hancock (na América) descobriram simultaneamente a vulcanização em cerca de 1839, o que constituiu a revolução para a indústria da borracha [5, 10 e 11].

Na altura, o interesse mais comum estava direcionado para a indústria de pneus de borracha; J.B. Dunlop inventou o primeiro pneu insuflado com ar em 1888, mas os pneus sem câmara de ar datam de cerca de 1951. Paralelamente à melhoria da construção mecânica dos componentes dos pneus, a melhoria dos compostos de borracha foi a mais interessante. A introdução do negro de fumo como carga de reforço deu-se em 1910, como depósitos de fuligem de gás natural em placas de aço. Para além do negro de fumo, foram utilizados óxidos metálicos de zinco, cálcio, magnésio e chumbo como activadores de vulcanização. Após a Segunda Guerra Mundial, foi desenvolvida a borracha sintética, com várias propriedades específicas e adequada a diferentes utilizações [5 e 12].

2.2 *Prévia da literatura*

Foram realizadas muitas investigações para conferir o desempenho do elastómero em componentes de engenharia, melhorando as propriedades físicas e mecânicas.

Blackely e **Pike** 1979 [13], utilizaram fibras curtas de amianto, vidro, carbono, grafite, celulose, nylon ou Kevlar como cargas para borracha, com comprimento de cerca de (6,4 mm) e diâmetro (1-30 ^m). Estas fibras conferem uma elevada rigidez ao composto em bruto e ao seu vulcanizado e reduzem consideravelmente o alongamento.

Takiguchi 1986 [14], preparou bandas de rodagem de pneus com negro de fumo de matrizes de butadieno e borracha natural (BR/NR) misturadas separadamente com borracha butílica (IIR), borracha bromo-butílica (BIIR) ou borracha cloro-butílica (CIIR). Também foi preparado para comparação um piso de pneu de borracha de estireno butadieno (SBR) com enchimento de negro de carbono. Foi estudado o efeito do tipo de matriz no módulo de elasticidade, na dureza e na resistência ao desgaste, a fim de melhorar a vida útil do pneu, a resistência ao rolamento, o desempenho em termos de travagem e de tração em piso molhado. A resistência ao rolamento e a tração destas misturas foram melhoradas devido ao aumento do módulo e da dureza, em comparação com a banda de rodagem de borracha de estireno butadieno (SBR), mas a resistência ao desgaste não foi significativamente melhorada.

Stamhuis *et al.* 1989 [15], mostraram que CARIFLEX, S-1210 e S-1215, que são duas borrachas de estireno-butadieno polimerizadas em solução (SSBR), podem ser utilizadas em bandas de rodagem de pneus. O S-1215 confere uma elevada aderência em piso molhado e baixas resistências ao rolamento aos vulcanizados de um piso de pneu. No entanto, devido à sua temperatura de transição vidro-borracha (Tg) comparativamente elevada, esta borracha leva a uma redução da resistência quando comparada com os vulcanizados S-1210 numa receita semelhante. As propriedades dos vulcanizados destas duas borrachas podem ser ajustadas através da mistura com outras borrachas, por exemplo, borracha natural, borracha de polibutadieno ou borracha de estireno-butadieno polimerizada em emulsão de alto teor de estireno.

Heinrich *et al.* 1992 [16], estudaram o efeito do tipo de borracha no desempenho do piso de um pneu de corrida. Verificou-se que as bandas de rodagem de pneus fabricadas com misturas comuns de borracha de estireno-butadieno em emulsão e borracha de estireno-butadieno em solução (ESBR/SSBR) ou com misturas de monómero de etileno-propileno-dieno, borracha butílica e borracha de estireno-isopreno butadieno (EPDM/IIR/SIBR) podem ser menos nocivas para o ambiente do que outras misturas, proporcionando resistência à derrapagem combinada com uma redução da dureza a temperaturas elevadas.

Takino *et al.* 1997 [17] referiram que as bandas de rodagem de pneus fabricadas com borracha de estireno-butadieno SBR com uma mistura de borracha cloro-butílica e borracha bromo-butílica (CIIR/BIIR) apresentavam a maior tração em pavimento molhado do que a SBR isolada, mas as medições laboratoriais mostraram que esta receita apresentava a maior perda de volume por corrosão por desgaste nas bandas de rodagem dos pneus.

Al-Hatimi 1999 [18], estudou o efeito do nível de carga e dos tipos de negro de fumo (N330 e N339) no desempenho do pneu e comparou-o com o pneu enchido com casca de arroz queimada a baixa temperatura. A melhoria da dureza, da resistência à abrasão e do módulo de elasticidade ocorreu a (70 pphr) do tipo de negro de fumo (N330) e a (68 pphr) do tipo (N339).

Parkinson 2000 [19], estudou o efeito do tamanho das partículas de negro de fumo no compósito de borracha. Verificou-se que a resistência à tração e ao rasgamento, bem como a resistência à abrasão, aumentam com a diminuição do tamanho das partículas de negro de fumo, devido à possibilidade de ocorrência de ligações cruzadas químicas na interface entre o negro de fumo e a borracha.

Ismail *et al.* 2003 [20], investigaram o efeito do teor de pó de borracha reciclada (PRR) e vários sistemas de vulcanização (convencional (CV), semi-eficiente (Semi-EV) e vulcanização eficiente (EV)) nas caraterísticas de cura e propriedades mecânicas de misturas de borracha natural e pó de borracha reciclada (NR/RRP). Verificou-se que o aumento do teor de RRP nas misturas NR/RRP aumenta o módulo de tração e a dureza, mas diminui a resistência à tração, a resistência ao rasgamento, a resiliência e o alongamento na rutura. Embora o sistema CV apresente o módulo de tração e a dureza mais elevados, as misturas (NR/RRP) curadas com o sistema EV apresentam a maior resistência à tração, resistência ao rasgamento, resiliência e alongamento na rutura, seguidas dos sistemas semi-EV e CV.

Ahmed *et al.* 2004 [21], estudaram os efeitos das cargas (negro de fumo tipo N110, sílica e carbonato de cálcio) com (10-60) vol % nas propriedades mecânicas da borracha natural e das misturas de polietileno linear de baixa densidade (NR/LDPE). Concluiu-se que o índice de inchamento e o alongamento apresentam uma tendência decrescente com o aumento da percentagem vol. de carga de cargas, mas a resiliência aumenta com o aumento da percentagem vol. de cargas. Também o tamanho das partículas aglomeradas e as interações das cargas poliméricas são factores que determinam as propriedades mecânicas e físicas das misturas (NR/LDPE).

Zanzig e **Aaron**, 2004 [22], utilizaram uma mistura de borracha de butadieno e borracha de estireno e isopreno (BR/SIR) como receita para o piso do pneu, de modo a que a BR tivesse o maior nível de carga (70-90 pphr), e depois compararam o desempenho com o da borracha de estireno e butadieno SBR. Verificou-se que esta mistura a um nível de carga (80/20 pphr) de BR/SIR melhorou as propriedades do piso do pneu, que são a resistência à abrasão para aumentar o desgaste do piso.

Sombutosompop e **Bohan** 2004 [23], investigaram o efeito da sílica não tratada, da sílica precipitada (PSi) e da sílica de cinzas volantes (FASi) como cargas nas propriedades da borracha natural (NR) e da borracha de estireno-butadieno (SBR). Verificou-se que as propriedades de cura da NR reforçada com (PSi) aumentam com a carga (30-75 pphr), mas foram obtidas propriedades inferiores quando a NR foi reforçada com (FASi) com a mesma carga. Todas as propriedades do SBR preenchido foram muito semelhantes às da NR preenchida, exceto a resistência à tração e ao rasgamento, pelo que a NR foi a melhor.

Jorge e **Kim** 2005 [24], estudaram as propriedades mecânicas e a vida à fadiga da NR com diferentes tipos de negro de fumo (N330, N650, e N900). Verificou-se que o valor logarítmico da vida à fadiga era linearmente proporcional à histerese para todos os tipos de negro de fumo. Também a NR reforçada com negro de fumo do tipo (N330) apresentou o maior valor de dureza, resistência à abrasão, resiliência e módulo.

Semsarzadeh e **Barvarz** 2005 [25], estudaram o efeito do nível de carga e do tipo de negro de fumo (N330 e N660) na taxa e na energia de ativação da vulcanização utilizando um reómetro. As borrachas utilizadas foram o monómero de etileno-propileno-dieno EPDM, a borracha natural NR, a borracha de butadieno BR, uma mistura destas (EPDM/NR) e uma mistura de (EPDM/BR). Os resultados mostraram que o negro de fumo reduz a energia de ativação em todas as borrachas e aumenta a taxa global de vulcanização. O tipo de negro de fumo (N330) reduz a energia de ativação da vulcanização e aumenta a taxa global de vulcanização mais do que o tipo (N660). Por outro lado, este trabalho mostrou que a taxa de vulcanização do (EPDM/BR) é inferior à do (EPDM/NR).

Al-Maamory 2006 [26], estudou o efeito do tamanho das partículas de SiO2 e o seu nível de carga nas propriedades da borracha de nitrilo butadieno (NBR). Observou que a resiliência diminui com a diminuição do tamanho das partículas de SiO2 e com o aumento do seu nível de carga, o que se deve ao aumento da área de superfície das partículas e à boa ligação física entre as moléculas de borracha e as partículas de SiO2, o que leva a um aumento da dureza e da resistência à tração. Verificou também que a luz ultravioleta UV e o envelhecimento a altas temperaturas degradam as propriedades da borracha.

Yamshita e **Tanaka** 2007 [27], utilizaram borracha de estireno butadieno tipo SBR (1500) com carvão de casca de arroz (0, 25, 50, 75 e 100 pphr) e agente de acoplamento de silano. Também prepararam compósitos de SBR reforçados com negro de carbono para comparação. Concluiu-se que a resistência à rutura aumentou três vezes mais do que a da borracha pura com o agente de silano, mas foi inferior quando não havia agente de silano. Isto deve-se ao facto de o agente de acoplamento de silano ajudar a construir uma ponte entre as moléculas de borracha e o SiO2 incluído no carvão de arroz, mas não mais do que a resistência à tração da borracha incluída no negro de fumo, que é de (25 MPa), porque o carvão de casca de arroz não pode ser esmagado abaixo de (50 nm) como o negro de fumo pela força de corte gerada pela mistura.

Waddell 2007 [28], estudou o efeito do tipo de negro de fumo (N220, N330, N351, N355, N660 e HAF), do tipo de borracha e do nível de carga das cargas, com a utilização de sílica de reforço no modelo de composto da parede lateral do pneu. A borracha utilizada foi uma mistura de borracha de butadieno, borracha natural e monómero de etileno-propileno-dina (BR/NR/EPDM) como matriz com (0-18) pphr de sílica e (35-50) pphr de negro de fumo. Verificou-se que a histerese dos compostos que contêm negro de fumo (HAF) pode ser reduzida através da substituição parcial do negro de fumo por sílica precipitada. As propriedades dos compostos melhoraram no que respeita à resistência ao rasgamento e ao crescimento por corte, mas registou-se uma redução na resiliência.

Penot *et al.* 2007 [29], utilizaram elastómeros (borracha de isopreno IR, borracha de butadieno BR, borracha natural NR, borracha de butilo IIR e mistura das mesmas) com cargas de reforço orgânicas siliciosas ou aluminosas como formulação de pneus com agente de acoplamento polissulfurizado-alcoxi silano (PSAS) associado a outro agente de acoplamento derivado de dihidropiridina e guanidina (DHP). Verificou-se que a quantidade total de cargas de reforço (inorgânicas e negro de fumo) era preferencialmente de (50-150) pphr. Verificou-se que a quantidade preferida de (DHP) é de (1-20) % do peso (PSAS), mas não inferior a (10%) devido ao risco de cura, e não superior a (20%) porque não se observam mais melhorias no acoplamento.

Al-Kawas 2007 **[30],** utilizou borracha natural do tipo NR (SMR5) e borracha de neopreno (CR) separadamente com diferentes níveis de carga de negro de carbono (35, 45, 55, 60 e 65 pphr) para melhorar a durabilidade da almofada de apoio de pontes. Foram efectuados ensaios de tração, compressão, cisalhamento, dureza e efeito da luz UV, tendo sido obtidas as melhores propriedades com a NR reforçada com negro de fumo (60 pphr) e com a CR reforçada com negro de fumo (70 pphr).

Hamza 2007 [31], realizou investigações experimentais para diferentes níveis de carga (5, 10, 15, 20 e 25 pphr) de materiais elastoméricos preenchidos com negro de carbono (NR, SBR, NBR e EPDM) sob carga compressiva cíclica e diferentes taxas de deformação. Verificou-se que a dureza (IRHD) e a tensão real aumentam com o aumento do nível de carga de negro de carbono e da taxa de deformação.

Al-Hatimi 2007 [32], preparou (75) receitas de borracha de estireno-butadieno SBR com enchimento de negro de carbono misturada com (NR, CR, BR e EPDM) separadamente e em diferentes níveis de carga de SBR (10-60 pphr). O efeito do tipo de negro de fumo (N375, N330 e N339) nas propriedades da formulação da banda de rodagem do pneu (dureza, resistência à tração, módulo, alongamento na rutura, resistência à abrasão e gravidade específica) foi estudado e comparado com as especificações dos pneus Babylon. As melhores propriedades foram obtidas com o nível de carga da mistura SBR/NR (30/70 e 40/60 pphr) para três tipos de negro de fumo. O nível de carga ótimo para a mistura SBR/BR foi (20/80 - 50/50 pphr) e para três tipos de negro de fumo, para SBR/CR foi (30/70 e 40/60 pphr) para três tipos de negro de fumo, e para SBR/LPDM foi (10/90 - 50/50 pphr) para o tipo de negro de fumo (N339 e N 330).

Al-Mas'udy 2008 [33], preparou borracha de estireno-butadieno SBR, borracha butílica IIR, misturas de borracha de (SBR/NR) e (IIR/BIIR) reforçadas por cinco níveis de carga de negro de carbono do tipo (N375) separadamente; com o objetivo de fabricar material de borracha barato para absorver vibrações em grupos geradores e outros motores. O rácio de resiliência, o tempo de amortecimento, a resistência ao envelhecimento e ao inchaço foram medidos e comparados com as especificações de quantidades padrão. Verificou-se que os níveis histéricos para (SBR) foram melhorados pela adição de negro de fumo até (40 pphr) e uma redução de custo foi alcançada em (72,17) % para o compósito SBR.

CAPÍTULO 3
ESTUDOS TEÓRICOS

3.1 *Introdução aos compósitos*

O compósito é um material combinado criado pela montagem sintética de dois ou mais componentes, que não se dissolvem nem se fundem completamente um no outro; um deles é o reforço e o outro é uma matriz compatível. A matriz pode ser metálica (compósito de matriz metálica MMC), polimérica (compósito de matriz polimérica, PMC) e cerâmica (compósito de matriz cerâmica, CMC). Existem classificações modernas de compósitos em compósito carbono-carbono CCC, compósito de matriz intermetálica IMC e compósito híbrido. O reforço deve ser selecionado a partir de um material mais rígido e mais duro do que a matriz [34 e 35].

A maioria dos materiais compósitos tem sido fabricada com o objetivo de melhorar a combinação de caraterísticas mecânicas como a rigidez, a tenacidade, a resistência à temperatura ambiente e a temperaturas elevadas, a resistência à fluência, a resistência à abrasão, a redução dos custos e a retração... etc. As propriedades do compósito são uma função das propriedades das fases constituintes, da sua quantidade relativa, da interface matriz-carga e da geometria do reforço; a geometria do reforço inclui a forma, o tamanho, a distribuição e a orientação [36]. Estas caraterísticas são apresentadas na fig. (3.1) [2]. A partir desta figura, pode notar-se que os compósitos são classificados de acordo com a geometria do reforço em três divisões principais: compósitos reforçados com partículas, reforçados com fibras e reforçados com estruturas. Algumas das estruturas de reforço mais comuns são mostradas na fig. (3.2) [37].

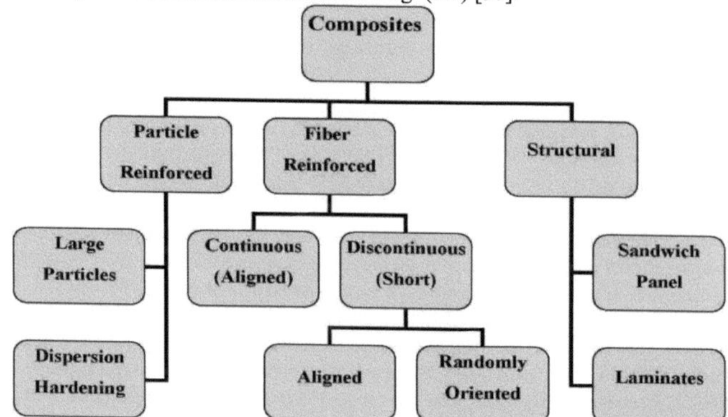

Fig. (3.1) Esquema de classificação para os vários tipos de compósitos [2].

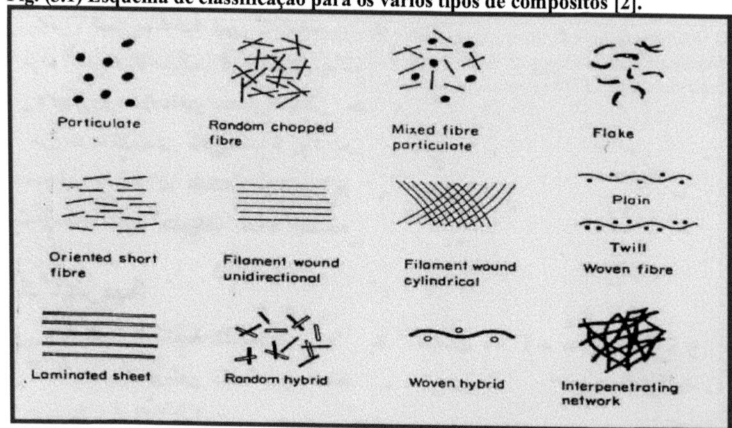

Fig. (3.2) Algumas das estruturas de reforço mais comuns [37].

3.2 *Polímeros*

Os polímeros são moléculas de hidrocarbonetos longas e flexíveis, compostas por entidades estruturais denominadas unidades mer, que têm origem na palavra grega ***meros***, que significa parte; o termo polímero é constituído por muitos mers. O monómero é um arranjo molecular estável a partir do qual um polímero é sintetizado através da repetição da sua longa cadeia no processo de polimerização. Através da polimerização, a estrutura primária de qualquer material polimérico é criada como uma molécula de cadeia muito longa que pode ser disposta como uma fase de borracha, vítrea ou cristalina. A Fig. (3.3) mostra um diagrama de tensão-deformação de tração para os três estados físicos de um polímero [9, e 38].

As ligações intermoleculares são covalentes, portanto; a ligação primária em cada molécula é forte, mas apenas a ligação de hidrogénio e as forças de Vander Waals são as ligações mais fracas entre as moléculas. As moléculas que possuem ligações covalentes são denominadas moléculas insaturadas. Estas tornam o polímero suscetível de ser atacado pelo oxigénio, especialmente pelo ozono. Por outro lado, esta ligação é útil no processo de vulcanização dos elastómeros, em que o enxofre ou outros agentes unem as cadeias adjacentes com pontes de enxofre [39 e 40].

Os compósitos mais comuns são os compósitos poliméricos. O tipo mais antigo é o polímero reforçado com fibra (FRP), em que a resina à base de polímero é a matriz e uma variedade de fibras, como vidro, carbono e kevlar, é o reforço. Os materiais da matriz são termoendurecíveis, termoplásticos e elastómeros, de acordo com o seu comportamento com o aumento da temperatura [3, e 41].

Os termoplásticos amolecem quando aquecidos e, eventualmente, liquefazem-se e endurecem quando arrefecidos. Os polímeros termoendurecíveis tornam-se permanentemente duros quando o calor é aplicado e não amolecem com o aquecimento subsequente. Os elastómeros comportam-se como termoplásticos quando se trata de um elastómero não vulcanizável, como a borracha de polietileno, e como termoendurecíveis quando se trata de um elastómero vulcanizável, de modo que a estrutura de ligações cruzadas é a estrutura principal [39, 42 e 43].

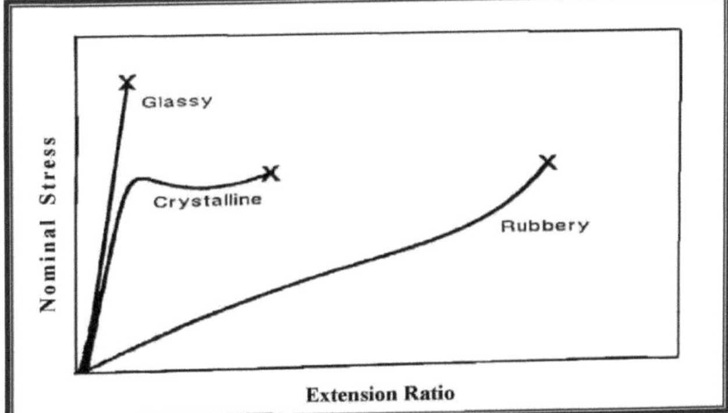

Fig. (3.3) Diagrama tensão-deformação de tração para três estados físicos do polímero: Vítreo; Cristalino; e Borracha [9].

3.3 *Estruturas de polímeros*

A estrutura molecular dos polímeros inclui polímeros lineares, ramificados, como os polímeros termoplásticos (PVC, PE, PS e nylon), reticulados, como os elastómeros, e em rede, como os polímeros termoendurecíveis (grupos epóxi e fenolpolímeros-formaldeído), como se mostra na fig. (3.4) [2].

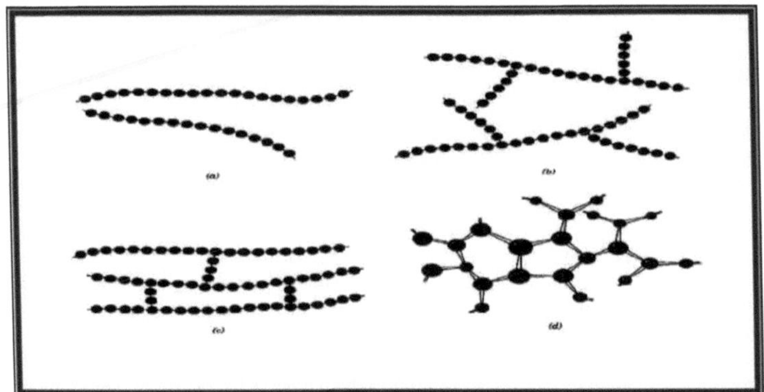

Fig. (3.4) Representações esquemáticas da estrutura dos polímeros: a-linear; b-branqueada; c-crosslink; e d- rede [2].

3.4 *Elastómero*

O termo elastómero é muitas vezes utilizado indistintamente com o termo borracha, pelo que o uso anterior do termo borracha se restringe à borracha natural original (NR), mas é aplicado indiscriminadamente a qualquer material com propriedades mecânicas substancialmente semelhantes a esta borracha, independentemente da sua constituição química [12].

Os elastómeros diferem dos outros polímeros devido às suas propriedades especiais. De acordo com a especificação ASTM D 1566, trata-se de um material capaz de produzir grandes deformações sob a ação de uma pequena tensão comparativa e de recuperar rápida e forçosamente as suas dimensões de origem após a remoção da tensão. A sua resistência é elevada, especialmente em condições de cisalhamento e compressão. Pode ser modificado após aquecimento e vulcanizado com produtos químicos para ser mais elástico, insolúvel, mas pode inchar em solventes em ebulição. O elastómero não é apenas um material elástico e emborrachado, mas também dissipa energia devido à sua natureza viscoelástica. No entanto, a vulcanização reduz a viscosidade e aumenta a elasticidade, e o elastómero torna-se mais resistente [44].

A borracha pode ser dividida em dois tipos: termoendurecível e termoplástica. A borracha termoendurecível é uma estrutura tridimensional de ligações cruzadas e não pode ser reprocessada por simples aquecimento. A borracha termoplástica não é gelificada; por conseguinte, dissolve-se em solventes e pode ser repetidamente processada por aquecimento, como a borracha de poliestireno, a borracha de polietileno, o elastómero termoplástico de poliuretano, o elastómero termoplástico de estireno, etc.[45].

Os elastómeros termoendurecíveis são classificados como elastómeros de uso geral e elastómeros especiais. Os elastómeros para fins gerais incluem a borracha de estireno butadieno SBR, a borracha de butadieno BR e a borracha natural NR. Os elastómeros especiais são utilizados quando os elastómeros de uso geral não são adequados para muitas aplicações, como a borracha de neopreno CR e a borracha de silicone MQ [9].

3.4.1 <u>Borracha de estireno butadieno (SBR)</u>

A borracha de estireno butadieno é a borracha sintética mais importante e a mais utilizada como substituto da borracha natural. Trata-se de um copolímero de estireno e butadieno. O estireno e o butadieno são produtos utilizados como matérias-primas no processo de destilação nas refinarias de petróleo. A reação química geral da polimerização da SBR é apresentada a seguir [46]:

BUTADIENE **STYRENE** **SBR**

$$n\,CH_2=CH-CH=CH_2 + CH_2=CH(C_6H_5) \longrightarrow [CH_2-CH=CH-CH_2-CH_2-CH(C_6H_5)]_n$$

As propriedades mecânicas do vulcanizado de SBR dependem do tipo e do nível de cargas no composto. Os vulcanizados de goma sem carga têm uma resistência à tração e um alongamento final muito fracos. Isto deve-se ao facto de o SBR não possuir auto-reforço, ou seja, cristalização induzida por tensão. Esta adequação é compensada pelas cargas de reforço, como o negro de carbono e a sílica. A SBR tem melhor resistência ao envelhecimento, à fadiga e ao calor do que a NR. A SBR é mais histerética ou menos resiliente do que a borracha natural e, por conseguinte, a acumulação de calor durante a flexão pesada é um problema maior com a SBR do que com a NR. A SBR tem frequentemente melhores caraterísticas de abrasão e melhor resistência à iniciação de fissuras do que a NR. Além disso, é resistente a muitos solventes polares, ácidos diluídos e bases. No entanto, incha consideravelmente em contacto com óleo, gorduras, gasolina, querosene e outros [47, 48 e 49].

A SBR é predominantemente utilizada na produção de pneus para veículos de passageiros e camiões ligeiros. Uma lista completa das utilizações da SBR inclui almofadas de tanques militares, pastilhas de travões e de embraiagem, tapetes de limpeza doméstica, tabuleiros de drenagem, solas e saltos de sapatos, vedantes de recipientes para alimentos, correias transportadoras, artigos de esponja, adesivos e calafetagens, mangueiras, correias trapezoidais, pavimentos, caixas de baterias de borracha dura, juntas, brinquedos de borracha, isolamento de cabos e produtos farmacêuticos cirúrgicos, etc. [50, 51 e 52].

3.4.2 Borracha natural (NR)

O primeiro elastómero comum foi a borracha natural (NR). Representa cerca de 40% do mercado total de borracha nova. [53]. A borracha natural é um hidrocarboneto de fórmula (C5.H.8.) constituído sob a forma de uma cadeia contínua e regular com a seguinte expressão química [54 e 55]:

丵CH_2丵C—€H 丵CH_2
|
CH_3

Os vulcanizados de borracha natural têm uma gama de propriedades intensas. As propriedades individuais da NR podem ser ultrapassadas pelas das borrachas sintéticas, mas a combinação de elevada resistência à tração, elevada resiliência, boa flexibilidade a baixas temperaturas, baixa histerese e baixa acumulação de calor é única, mesmo sem cargas de reforço. Isto deve-se à sua capacidade de cristalização após tensão ou baixa temperatura. Os domínios cristalinos são formados durante a moagem e a pressão de vulcanização. Estes domínios são mostrados na fig. (3.5) [10].

Os vulcanizados NR são geralmente utilizados nas bandas de rodagem de pneus relativamente grandes de autocarros, camiões e similares, para além de outras partes de pneus e câmaras de ar. Além disso, a NR é utilizada em correias transportadoras como a segunda maior aplicação. Também é normalmente utilizada em suportes de motor porque a NR isola as vibrações causadas quando um motor está a funcionar. É igualmente utilizada em almofadas de apoio estrutural em pontes e viadutos ferroviários, balões, bandas de borracha, espumas de borracha utilizadas como revestimento de tapetes e assentos de automóveis, calcanhares e solas, e juntas [56 e 57].

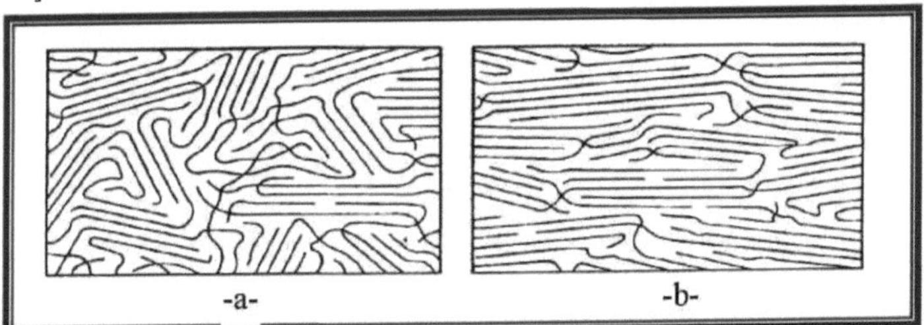

Fig. (3.5) A estrutura molecular da borracha cristalina:
a- Não esticado; b-Cristalizando após esticar, os feixes paralelos são cristalitos [10].

3.5 *Elasticidade da borracha*

A dificuldade básica da elasticidade da borracha pode, em princípio, ser contornada postulando uma espécie de estrutura de rede aberta ou, em alternativa, uma molécula do tipo helicoidal ou de mola helicoidal. Em qualquer dos materiais, pode obter-se uma grande deformação total sem a introdução de grandes tensões nos elementos elásticos da estrutura.

O primeiro tipo de teoria explica-se quando existem duas ou mais fases agregadas como uma rede de moléculas à base de proteínas ou resinas derivadas do látex da borracha. Esta rede está suspensa num meio semi-líquido formado por hidrocarbonetos de borracha de menor peso molecular.

Entre as teorias do segundo tipo, a teoria da mola helicoidal. Nesta, a tendência de retração está associada às forças residuais entre as voltas vizinhas da hélice, que se acreditava representar a configuração da cadeia de poliisopreno. Uma teoria bastante semelhante investigou uma configuração dobrada da molécula que era mantida pela ação de forças entre átomos de hidrogénio vizinhos [12].

A teoria atual é a mais aceite. Afirma que a elasticidade da borracha pertence a uma cadeia muito longa, dobrada ou helicoidal, com distâncias estreitas entre duas extremidades, como se mostra na fig. (3.6) [8]. A temperatura normal de utilização da maioria dos tipos de borracha é superior à sua temperatura de transição vítrea T_g . Assim, é possível um movimento segmentar molecular considerável, que é a fonte de elasticidade das borrachas vulcanizadas. Esta estrutura molecular confere a extensão da borracha quando esta é esticada. Além disso, a vulcanização com enxofre quebra as ligações covalentes das cadeias de borracha e forma outras ligações que actuam como pontes entre as cadeias. Estas pontes puxam as extremidades das cadeias após a remoção do stress, como representado na fig. (3.7) [8, 58, e 59].

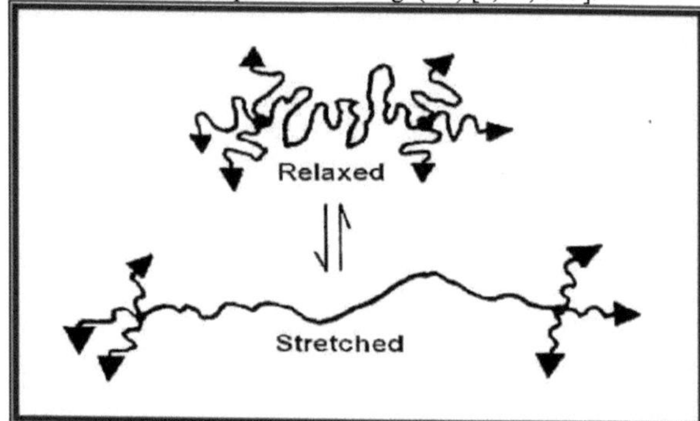

Fig. (3.6) Cadeia de borracha longa e dobrada [8].

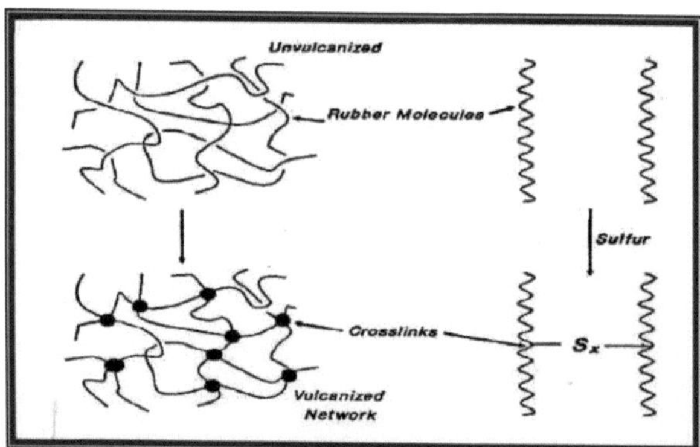

Fig. (3.7) Moléculas de borracha vulcanizada e não vulcanizada [8].

3.6 *Compósitos reforçados com partículas*

As partículas grandes e os compósitos reforçados por dispersão são as duas subclassificações dos compósitos reforçados por partículas. A distinção entre eles baseia-se no mecanismo de reforço ou fortalecimento. O termo "grande" é utilizado para indicar que a interação partícula-matriz não pode ser relacionada a nível atómico ou molecular. A partícula é mais dura e mais rígida do que a matriz. Este reforço tende a restringir o movimento da fase matriz na vizinhança de cada partícula. A matriz transfere parte da tensão aplicada para as partículas que suportam uma fração da carga.

Para os compósitos de reforço por dispersão, as partículas são normalmente muito mais pequenas, com diâmetros entre 0,01 e 0,1 ^m. As interações partícula-matriz que conduzem ao reforço são semelhantes às do endurecimento por precipitação. Enquanto a matriz suporta a maior parte de uma carga aplicada, as pequenas partículas dispersas dificultam ou impedem o movimento das deslocações [2, e 60].

3.7 *Enchimentos de borracha*

Quase todos os materiais concebíveis foram adicionados à borracha na tentativa de a tornar mais barata

e mais rígida. Os principais materiais de enchimento utilizados na indústria da borracha são classificados como:
1-Carvão preto
2- Enchimentos não negros, tais como sílica precipitada, sílica pirogénica, alumina, argila da China, carbonatos de magnésio e enchimentos branqueadores [61 e 62].

3.7.1 Enchimentos de negro de fumo

O negro de fumo é essencialmente carbono elementar e é composto por partículas agregadas. As partículas têm uma estrutura parcialmente grafítica e dimensões coloidais que, por alinhamento paralelo e sobreposição, conferem às partículas a sua natureza semi-grafítica, como mostra a figura (3.8) [10]. O tamanho das partículas varia entre 10 e 400 nm de diâmetro, sendo as mais pequenas menos grafíticas.

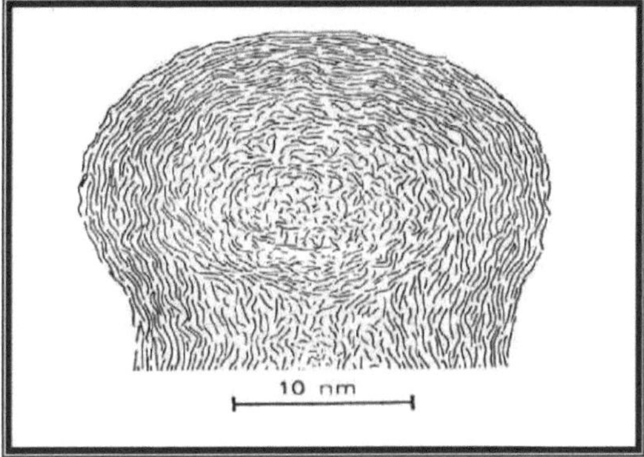

Fig. (3.8) Orientações da camada concêntrica de partículas de negro de fumo [10].

A borracha composta por negro de fumo comummente utilizada é produzida pelo processo de forno que fornece negro de fumo com tamanho de partícula (14-90 nm), como SAF, HAF e SRF... etc [63].

As caraterísticas mais importantes do negro de fumo são [64, 65]:

1. Estrutura e dimensão dos agregados.
2. Tamanho das partículas.
3. Atividade de superfície.
4. Porosidade.

3.7.2 Enchimentos de sílica

O dióxido de silício é formado por ligações covalentes fortes e direcionais, e quatro átomos de oxigénio estão dispostos nos cantos do tetraedro em torno do átomo de silício central [66], como mostra a fig. (3.9) [67].

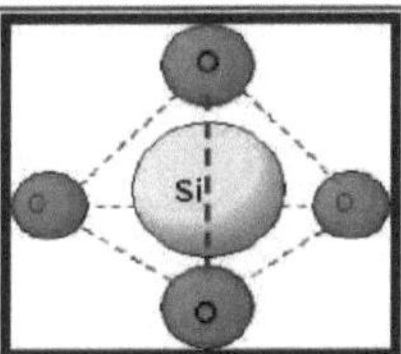

Fig. (3.9) Estrutura interatómica da sílica [67].

A borracha graduada de sílica é preparada através da queima de tetracloreto de silício (sílica pirogénica pirogénica pirogénica) ou por precipitação ácida a partir de uma solução de silicato (sílica precipitada hidratada). Esta sílica contém (10-14%) de água, com um tamanho médio de partícula de (10-40 nm). Nos últimos anos, os testes demonstraram que os pneus de borracha com enchimento de sílica oferecem uma melhor eficiência de combustível, reduzindo a resistência ao rolamento. Também melhoram a resistência à derrapagem através do aumento da dureza; por conseguinte, a maior aplicação da sílica precipitada é no piso dos pneus [68, 69, 70, 71 e 72].

3.7.3 Enchimentos de alumina

O óxido de alumínio (A12O3), vulgarmente designado por alumina, é o material mais utilizado na família das cerâmicas de engenharia. Tem uma forte ligação interatómica iónica, que dá origem às suas caraterísticas materiais desejáveis. A alumina é dura, tem boa resistência ao desgaste, elevada resistência à compressão, mesmo contra temperaturas extremas e efeitos ambientais corrosivos. Tem também uma boa condutividade térmica e uma elevada rigidez. A pureza do pó de alumina varia entre (94-99,5%) com excelente tamanho e forma, de modo que a alumina de grau fino tem uma gama muito ampla de aplicações quando composta por outras cerâmicas ou polímeros. A borracha graduada com alumina tem utilizações específicas como almofadas de desgaste, anéis de vedação que requerem uma estabilidade dimensional de relativa alta temperatura e resistência à abrasão [73 e 74].

3.8 Propriedades mecânicas

As caraterísticas mecânicas são influenciadas por muitas variáveis, tais como as variáveis do processo, o tipo de ligações interatómicas primárias e secundárias, o estado de armazenamento do produto, especialmente no caso dos polímeros, etc. Por conseguinte, é necessário investigar determinadas propriedades para prever o desempenho da borracha.

3.8.1 Tensão-deformação de tração

O ensaio de tração é amplamente utilizado para fornecer ao projetista informações sobre a resistência do material e o alongamento máximo, entre outros. A Fig. (3.3) já mencionada mostra a curva tensão-deformação em materiais poliméricos. A tensão utilizada nesta curva é uma tensão longitudinal na amostra de ensaio e é expressa como:

$$\sigma = \frac{P}{A} \quad \text{.............................. (3.1)}$$

Onde:-

σ: Tensão longitudinal do provete (MPa).

P: Carga aplicada (N).

A: Área da secção transversal original antes do ensaio (m^2).

A deformação que é utilizada nesta curva tensão-deformação é uma deformação linear e pode ser expressa como:

$$\varepsilon = \frac{\Delta L}{L_o} \quad \text{.............................. (3.2)}$$

Onde:-

ε : Estirpe.

$$\Delta L = L - L_o$$

Onde:-

L : O comprimento final (m).

L O comprimento original (m).

A partir da curva de tração da borracha, pode calcular-se o seguinte [75]:

1. Resistência à tração na rutura (MPa).
2. Módulo de elasticidade (MPa); a 100%, 200%, ou 300% de alongamento (Mod 100, Mod 200, ou Mod 300).
3. Percentagem de alongamento na rutura.

3.8.2 Compressão Tensão-deformação

Existem muitas normas nacionais para determinar a curva tensão-deformação de compressão estática de compostos de borracha. Tal como no ensaio de tração, a tensão é calculada com base na secção transversal inicial do provete. Normalmente, a tensão não é aumentada para um valor em que o provete só pode partir, como num ensaio de tração; por conseguinte, o módulo de compressão só pode ser obtido a uma tensão específica através da compressão de um provete cilíndrico entre planos paralelos planos lubrificados com óleo para facilitar o deslizamento da borracha nas faces de contacto, porque a restrição do deslizamento conduzirá a um módulo de compressão aparente elevado [9 e 10].

3.8.3 Dureza

A dureza é a resistência da superfície ao risco, ao corte, ao desgaste, à indentação e à penetração. A dureza do material depende geralmente do tipo de ligações interatómicas ou intermoleculares, do estado da superfície, da temperatura, entre outros. Existem duas medidas dependentes para a dureza da borracha que são: [35, 76 e 77]

1- Dureza Shore (A).

2- Grau Internacional de Dureza da Borracha (IRHD).

A ferramenta do indentador é uma agulha de aço para os durómetros Shore (A) e IRHD, mas o durómetro

IRHD tem uma extremidade semi-esférica. Ambos os equipamentos de ensaio estão representados esquematicamente na fig. (3.10). A magnitude da dureza é considerada como um índice de resistência, coerência da estrutura; assim, a escala de graus em ambos os equipamentos varia entre (0-100 graus de dureza) [31 e 76].

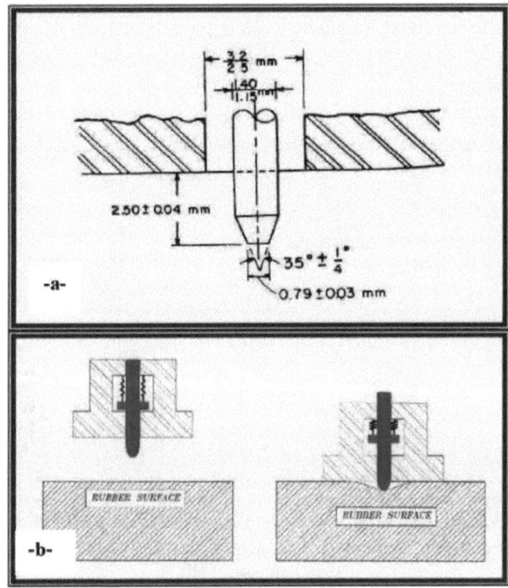

Fig. (3.10) Representação esquemática de indentadores de dureza para: a- Durómetro Shore A; b- IRHD [31 e 76].

3.8.4 Resistência ao desgaste por abrasão

Esta pode ser definida como a resistência ao desgaste por fricção ou deslizamento da superfície da borracha contra material abrasivo que resulta na remoção de material da superfície. Foi utilizado o teste Pin-on-disk, que depende da produção de um movimento relativo entre a borracha e um abrasivo. O teste padrão baseado neste trabalho é que os blocos cilíndricos de borracha são fixados num suporte vertical e pressionados contra um disco de papel abrasivo rotativo com uma força, tempo, temperatura e velocidade específicos. Para estimar a resistência à abrasão, a taxa de desgaste pode ser calculada utilizando a seguinte equação (3.3) [78, 79 e 80].

$$K_C = \frac{\Delta m}{\rho_C . V_S . t} = \frac{m_1 - m_2}{\rho_C . V_S . t} \quad \ldots\ldots\ldots\ldots\ldots\ldots\ldots (3.3)$$

Onde:-
.**KC** ..: Taxa de desgaste do compósito (mm^3 /mm)
Am: Perda de massa (g) = **m1 - m2**.
m_1 : Peso do provete antes do ensaio (g).
m_2 : Peso do provete após o ensaio (g).
pC : Densidade do provete (g /mm2).
V_S : Velocidade de deslizamento (mm /s). t : Tempo de deslizamento (s).

3.8.5 Resiliência

A resiliência é o rácio entre a energia devolvida após a recuperação da deformação e a energia de impacto necessária para produzir a deformação do componente de borracha. A resistência ao impacto para outros materiais é a energia necessária para a fissura por área de secção transversal, mas no caso da borracha de impacto é diferente. A energia de impacto não provoca fissuras na borracha, e a maior parte desta energia é devolvida como energia mecânica e o resíduo é dissipado como calor na borracha [6 e 10].

Resiliência de ricochete; esta propriedade é uma das caraterísticas mais notáveis da borracha. Mostra a capacidade do vulcanizado de borracha para absorver e devolver a energia de impacto, que depende do tipo de borracha, das condições de vulcanização, dos ingredientes de cura, da temperatura de aplicação e das quantidades de cargas. Trata-se de uma caraterística muito importante para prever o amortecimento de vibrações em aplicações específicas [44, e 81].

A resiliência por ressalto é um ensaio dinâmico em que a peça de ensaio é sujeita a um único impacto. A maioria dos ensaios padrão mede o ressalto de um pêndulo oscilante da peça. As concepções do pêndulo variam consideravelmente, o mesmo acontecendo com os resultados dos ensaios correspondentes. Na fig. (3.11) são apresentados vários modelos [10].

O ensaio do pêndulo de ressalto baseia-se na medição do ângulo de ressalto de uma massa largada que embate num espécime de borracha fixo, sendo a resiliência dada por [82].

$$R = \frac{1 - Cos\,(angle\ of\ rebound)}{1 - Cos\,(angle\ of\ fall)} \quad \ldots\ldots\ldots\ldots\ (3.4)$$

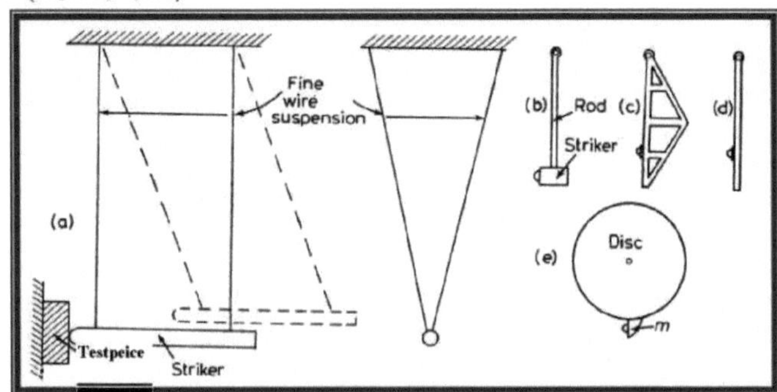

Fig. (3.11) Diagramas do aparelho de resistência ao ressalto:
a- Pêndulo de Luke; b- Pêndulo de Snube; c- Pêndulo de Dunlop; d- Pêndulo de Good Year-Healey; e- Tripsómetro [10].

3.9 Propriedades físicas

3.9.1 Efeito dos líquidos

Alguns componentes de borracha são expostos a líquidos e é importante que estes líquidos não reduzam a vida útil dos componentes nem afectem negativamente o seu desempenho. A exposição pode resultar na absorção de líquidos pela borracha, na extração de constituintes solúveis (especialmente plastificantes e antidegredantes) da borracha e na reação química com a borracha; os efeitos físicos da absorção são mais comuns, com destaque para o inchaço. Trata-se de um processo controlado por difusão que provoca uma alteração do volume do componente de elastómero. Por conseguinte, o efeito líquido depende basicamente do tempo de imersão, da temperatura e da espessura da borracha, para além do tipo de líquido e polímero e da rigidez da estrutura tridimensional do material vulcanizado [9 e 10].

A borracha natural e a borracha de estireno butadieno não são resistentes ao óleo. Mas esta caraterística não exclui necessariamente a sua utilização em componentes sujeitos a uma exposição intermitente ou limitada ao óleo; é a taxa de absorção de óleo que determina se um componente irá falhar prematuramente. A borracha pode ser classificada de acordo com a sua resistência ao óleo, como se mostra na fig. (3.12) [83].

Os métodos normalizados de avaliação do efeito da imersão num líquido incluem a determinação de uma das seguintes formas [9 e 84]:

1. Alteração do volume.
2. Quantidade de material extraído pelo líquido.
3. Alteração das propriedades de tração e da dureza devido à imersão.
4. Alteração do peso da borracha.

Neste trabalho, o método de alteração da massa é utilizado quando os espécimes de borracha imersos estão sob uma temperatura e um tempo específicos. O cálculo deste método está representado na equação (3.6).

Variação da massa% = [($W_{.2}$. - W1) / W_4 .]. * 100 .... (3.5)

Onde:-

M.i.: massa do provete antes da imersão (g).

W_2 : Massa do provete após imersão (g).

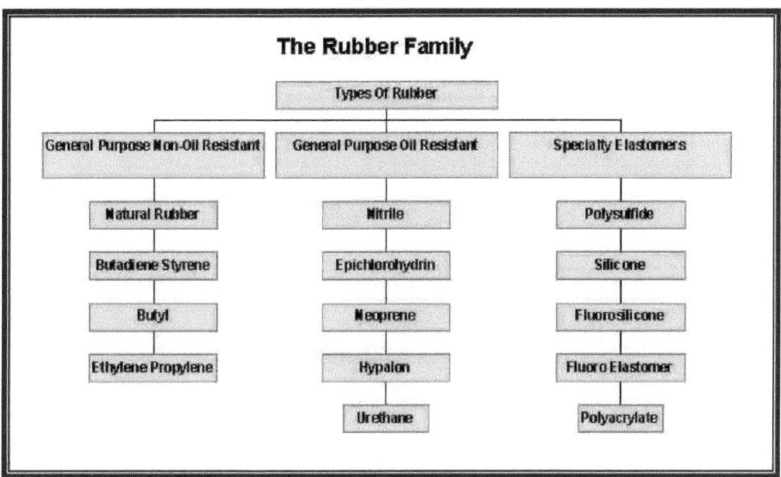

Fig. (3.12) Diagrama de fluxo da classificação da borracha [83].

3.9.2 Condutividade térmica

A condutividade térmica é a capacidade de um material transferir a energia térmica. Isto ocorre quando existe uma diferença térmica entre duas regiões. O coeficiente de condutividade térmica pode ser dado como:

$$Q = -k\frac{dT}{dx} \quad \ldots\ldots\ldots\ldots\ldots\ldots\ldots\ldots (3.7)$$

Onde:-

Q: O fluxo térmico é o fluxo de calor por unidade de tempo por unidade de área seccional na direção do fluxo (W/m^2).

k: Coeficiente de condutividade térmica (W/m.°C).

$\frac{dT}{dx}$: Diferenças de temperatura através da espessura do sistema (°C/m).

O sinal negativo significa que o calor é transferido da região de alta temperatura para a região de baixa temperatura. O disco de Lee é amplamente utilizado para calcular a condutividade térmica de diferentes materiais, como mostra a figura (3.14). O coeficiente de condutividade térmica pode ser calculado quando a eletricidade é aplicada com uma tensão e uma corrente específicas passando por um circuito elétrico que está ligado a um aquecedor. Assim, o calor gerado é transferido do aquecedor para o disco de latão (n.° 2), depois para o provete e, finalmente, para o disco de latão (n.° 1). Quando se obtém um estado estacionário de energia, ou seja, quando a energia de entrada é igual à energia de saída, como representado na equação (3.8), onde T.i, T.2. e T.3 . são temperaturas registadas [85].

Energia de entrada = Energia de saída

$$i \times v = \Pi r^2.e\,(T_1+T_3) + 2\Pi.r.e\,[\,d_1T_1+d\,(\frac{T_1+T_2}{2}) + d_2\,T_2 + d_3T_3] \quad \ldots\ldots..(3.7)$$

Onde:-

i: Corrente eléctrica (A).

v: Tensão (V).

r: Raio do disco (m).

e: Perda de calor por unidade de tempo (seg.) através da área da secção transversal (m^2)e diferença de temperatura entre o disco e ambiente.

d1, d_2 , e d_3 : Espessura dos discos (m).

d: Espessura do provete (m).

T.i, T_2 , e T_3 .: As temperaturas medidas nos discos no. 1, 2, e 3.

A partir da equação anterior (3.8), o valor de (e) obtido é aplicado na equação (3.9) para calcular o coeficiente de condutividade térmica (k).

$$k\frac{(T_2 - T_1)}{d} = e.[T_1 + \frac{2}{r}(d_1 + \frac{d}{2})T_1 + \frac{1}{r}dT_2] \quad \ldots\ldots\ldots\ldots\ldots\ldots\ldots\ldots\ldots\ldots (3.8)$$

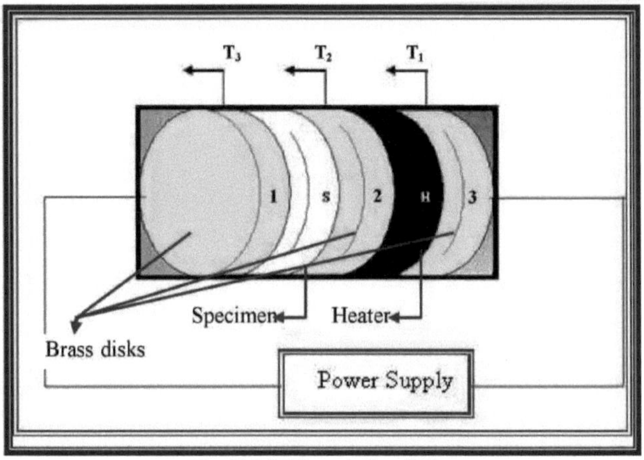

Fig. (3.14) Disco de Lee [85].

3.9.3 Gravidade específica

A densidade é a massa por unidade de volume de um material; enquanto que a gravidade específica é uma medida da relação entre a massa de um determinado volume de material e o mesmo volume de água a (23° C). A determinação da gravidade específica resulta da base de Arquimedes, que afirma que a perda aparente de peso de um material imerso num líquido é igual ao peso do líquido deslocado. Quando se conhece o peso do material e o peso de igual volume de água, é possível determinar a gravidade específica, que é, por definição, a razão entre o peso de um determinado volume de material e o peso de igual volume de água, como representado na equação (3.9) [86].

Gravidade específica do material = peso do material no ar / (peso do material no ar - peso do corpo suspenso na água) *. Gr. Esp. da água (....3,9)

CAPÍTULO 4

TRABALHO EXPERIMENTAL

4.1 *Introdução*

O processo de preparação de compósitos de borracha para aplicação em bandas de rodagem de pneus e outras aplicações de NR e SBR requer muitos ensaios mecânicos que simulam as condições a que estas peças serão sujeitas, tais como tensão, compressão, impacto, desgaste... etc. Outros ensaios físicos também são necessários, como o efeito de líquidos, condutividade térmica... etc.

Este capítulo aborda a formulação da receita, a especificação do material utilizado (borracha e reforço), os moldes, a abordagem tecnológica da mistura e da vulcanização, bem como os ensaios mecânicos e físicos.

4.2 *Formulação de receitas*

Os ingredientes básicos da formulação da receita utilizada neste trabalho baseiam-se na formulação básica da banda de rodagem de pneus de passageiros ilustrada na tabela (4.1) [87].

A tabela (4.2) mostra a formulação utilizada com as alterações no nível de carga de negro de fumo padrão. Todos os ingredientes são adicionados à borracha através de um determinado processo de mistura.

Tabela (4.1) Formulação da receita da banda de rodagem de pneus de passageiros [87].

Item	Material	Nível de carga(PPhr)
1	SBR 1502	100
2	Óxido de zinco (ativador)	5
3	Ácido esteárico (ativador)	2
4	Antioxidante (TMQ)	1.5
5	Antiozonante (6PPD)	1.5
6	Cera de parafina	1
7	Óleo de processo	8
8	Negro de fumo (N-375)	60
9	Acelerador (CBS)	1.5
10	Enxofre	2.2
11	Retardador (CTP.100)	0.15
12	Recuperar	12
Total		194.85

Cura de 40 min. a 150°C.

Tabela (4.2) Formulação da receita do presente trabalho.

Artigo	Material	Nível de carga(PPhr)	Nível de carga(PPhr)

1	SBR	100	0
2	NR	0	100
3	Óxido de zinco (ativador)	5	5
4	Ácido esteárico (ativador)	2	2
5	Antioxidante	1.5	1.5
6	Antiozonante	1.5	1.5
7	Óleo de processo	5	5
8	Negro de fumo (N339)	25	25
9	Sílica precipitada	(0, 5, 10, 15, 20, 25)	(0, 5, 10, 15, 20, 25)
10	Alumina	(0, 5, 10, 15, 20, 25)	(0, 5, 10, 15, 20, 25)
11	Agente de acoplamento de silano (PSAS)	----	----
12	Enxofre	5	5
13	Acelerador (TMTD)	1.7	1.7
14	Retardador (MBTS)	0.1	0.1
15	Recuperar	5	5

4.3 Propriedades dos materiais utilizados

4.3.1 Materiais de matriz:

4.3.1.1 Borracha de estireno butadieno SBR

A borracha de estireno butadieno utilizada neste trabalho é uma SBR de emulsão a frio com o nome comercial (SBR 1502). Algumas das suas propriedades são apresentadas na tabela (4.3) [2, 5, e 38].

Tabela 4.3 Propriedades do SBR [2, 5, e 38].

PROPRIEDADE	VALOR
Cor	Amarelo
Teor de estireno (% em peso)	23,5 ± 1 max
Teor de cinzas (% em peso)	1 max.
Matéria volátil (% em peso)	0,7max.

Gr.	0.92
T_g. (°C)	- 55
Condutividade térmica (W/m. °C)	0.25
Resistência à tração na rutura (MPa)	12.4 - 20.7
Módulo de elasticidade a 100% (MPa) de alongamento	2 - 10
Alongamento de rotura (%)	500 - 1000
Dureza (Shore A)	40 - 85
Resiliência	Bom
Resistência a ácidos e álcalis	Bom
Resistência à gasolina e ao óleo	Pobres

4.3.1.2 Borracha natural NR

SMR 20 é o nome comercial da borracha natural utilizada, que tem as seguintes caraterísticas na tabela (4.4) [5, 38].

Tabela 4. 4 Algumas propriedades da NR [5, e 38].

PROPRIEDADE	DETALHES/VALOR
Cor	Castanho
Sujidade (% em peso)	0.2max.
Teor de cinzas (% em peso)	1 max.
Matéria volátil (% em peso)	0.8max.
Gr.	0.934
T_g. (°C)	- 70
Condutividade térmica (W/m. °C)	0.13
Resistência à tração na rutura (MPa)	17.23 - 25
Módulo de elasticidade a 100% de alongamento (MPa)	4 - 15
Alongamento de rotura (%)	300 - 700
Dureza (Shore A)	20 - 100

Resiliência	Excelente
Resistência a ácidos e álcalis	Bom
Resistência à gasolina e ao óleo	Pobres

4.3.2 Materiais de reforço:

4.3.2.1 Preto carbono

O negro de fumo utilizado é um negro de fumo de alta estrutura para fornos de alta abrasão (HAF-HS) com a designação ASTM (N-339); que tem as seguintes caraterísticas na tabela (4.5) [2, e 89].

Tabela (4.5) Propriedades das cargas de negro de fumo [2 e 89].

PROPRIEDADE	DETALHES/VALOR
Aparência	Aglomerado fino de pó preto
Teor de cinzas (% em peso)	0,75max.
Gr.	1.8
Área de superfície (m /g)	95 ± 5
Densidade de escoamento (g/l)	430 ± 30
Tamanho das partículas (nm)	30
Condutividade térmica (W/m.°C)	20.1

4.3.2.2 Sílica precipitada

Vulcasil (c) é o nome comercial das cargas de sílica precipitada que são utilizadas neste trabalho. A Tabela (4.6) mostra algumas das suas propriedades [90, 91 e 92].

Tabela (4.6) Algumas propriedades das cargas de sílica [90, 91 e 92].

PROPRIEDADE	DETALHES/VALOR
Aparência	Aglomerado fino de pó branco
teor de água (Wt.%)	10 - 14
Área de superfície (m /g)	60
Gr.	1.95
Tamanho das partículas (nm)	20 - 25
Tamanho das partículas do aglomerado (jim)	2 - 15
Condutividade térmica (W/m. °C)	1.4

4.3.2.3 Alumina

O pó utilizado de Al O_{23} . é fabricado na Alemanha pela empresa (RIEDEL- DEHAENAG). A Tabela (4.7) apresenta algumas das propriedades da alumina [2, 73 e 74].

A Tabela (4.7) mostra algumas propriedades das cargas Al O_{23} [2, 73 e 74].

PROPRIEDADE	DETALHES/VALOR
Aparência	**Pó branco fino**
Gr.	**3.88**
Tamanho das partículas (Jim)	**30**
Módulo (MPa)	**317.17**
Resistência à compressão (GPa)	**2 .5**
Condutividade térmica (W/m. °C)	**30.3**

4.4 A tecnologia de mistura e vulcanização da borracha

A tecnologia de processamento da borracha consiste na composição, mistura, moldagem; geralmente moldagem e vulcanização. A borracha é sempre composta com aditivos: produtos químicos de vulcanização e, normalmente, cargas, antidegredantes, óleo ou plastificante. É através da composição que a borracha vulcanizada específica obtém as suas caraterísticas. Este trabalho baseia-se na prática normalizada ASTM D 3182 de material de borracha, equipamento e procedimentos de mistura [10 e 94].

4.4.1 Mastigação e mistura

A borracha natural e a borracha sintética semelhante têm um peso molecular muito elevado, o que dificulta a mistura dos ingredientes de composição e o processo subsequente. No caso destas borrachas, é necessário quebrar a cadeia molecular antes da composição, submetendo o material a um elevado trabalho mecânico (ação de cisalhamento), um processo normalmente designado por ***mastigação***. A mistura e a mastigação são convenientemente efectuadas utilizando dois moinhos de rolos (Calender) e ou um misturador interno denominado (Banbury); o primeiro é o utilizado neste trabalho, como se mostra na fig. (4.1) [95]. O moinho de dois rolos consiste em dois rolos rotativos opostos colocados perto um do outro, com os eixos dos rolos paralelos e horizontais, de modo a proporcionar um espaço relativamente pequeno entre eles para colocar os pedaços de borracha entre os rolos. As velocidades dos dois rolos são geralmente diferentes; o rolo da frente tem a velocidade mais lenta. O ingrediente mencionado no quadro (4.2) é adicionado gradualmente, de acordo com o tempo e a temperatura específicos, em duas fases, como se mostra no quadro (4.8) e na figura (4.2). A primeira é designada por lote principal e é constituída por borracha, activadores para aceleradores, antioxidantes e antiozonantes, cargas de reforço e respetivo agente de acoplamento, e óleo de processo. No final da primeira fase, o negro de fumo já foi misturado com o óleo de processo, de modo a obter uma dispersão e um acoplamento óptimos com a borracha. A segunda fase é designada por lote final. É constituída pelo lote principal anterior, pelo agente de cura (enxofre), pelo retardador e pelos aceleradores. Estes materiais são adicionados no final do processo para evitar a pré-vulcanização que pode ocorrer devido às temperaturas elevadas [8, 38 e 95].

Tabela (4.8) Etapas da mistura.

Artigo Não.	Descrição	Período (min)
Lote mestre		
1	**Mastigação da borracha, passando-a várias vezes por rolos com uma abertura decrescente do rolo (1-0,5 cm) a 70°C.**	5
2	**Durante toda a operação, o corte da borracha moída na diagonal, enrolada ou em espiral, e passada para o nip no estado horizontal e vertical alternadamente várias vezes para homogeneização.**	3

3	Adição de ácido esteárico e de óxido de zinco.	3
4	Para adicionar antidegredantes, repetir o ponto 2.	5
5	Adicionar as cargas de reforço (Al_2O_3 . ou SiO_2) misturadas com o agente de ligação e repetir o ponto 2.	7
6	Adicionar o negro de fumo com óleo de processo alternadamente e repetir o ponto (2).	3
Lote final		
7	Adição da pré-mistura de aceleradores e retardadores de enxofre	10
8	Diminuição da abertura do moinho até (0,3) cm	1
9	Revestir o lote com uma espessura de (0,7) cm.	1
10	Arrefecimento rápido do lote até à temperatura ambiente para evitar a pré-vulcanização.	5
Total		43

Fig. (4.1) Calandra de laboratório [95].

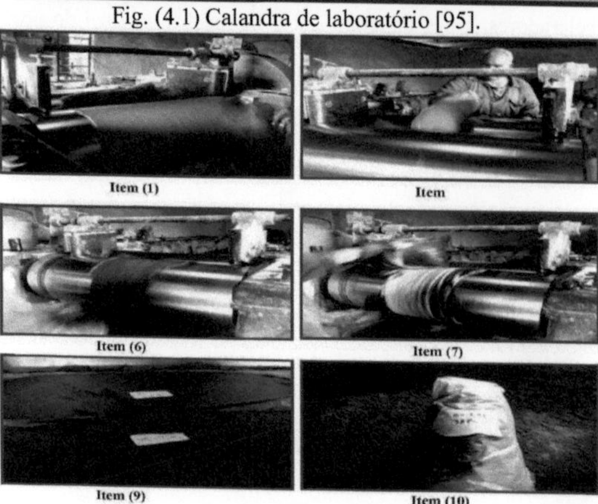

A Fig. (4.2) mostra os passos da mistura.

4.4.2 *Preparação dos moldes*

Antes da moldagem por compressão e da vulcanização, o molde deve ser limpo e lubrificado com óleo para facilitar a libertação posterior do produto do molde. Foram utilizados três moldes diferentes. Um deles tem uma cavidade com as dimensões de (300*300*6 mm) a partir da qual são cortadas amostras de teste utilizando uma ferramenta de corte e uma prensa hidráulica, tais como amostras de teste de tração, dureza, gravidade específica e inchamento. O segundo tem uma cavidade com dimensões de (40 mm de diâmetro*70 mm de altura), da qual são cortados provetes de ensaio de condutividade térmica, resiliência e abrasão. O terceiro tem uma cavidade com dimensões de (28 mm de diâmetro * 13 mm de altura) para os provetes de ensaio de compressão. As Fig. (4.3) e (4.4) mostram os moldes e as amostras produzidas a partir destes moldes após a vulcanização, respetivamente.

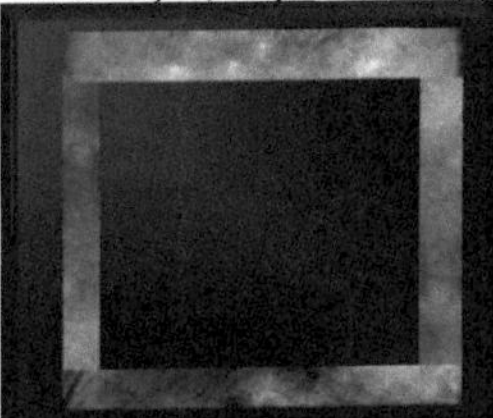

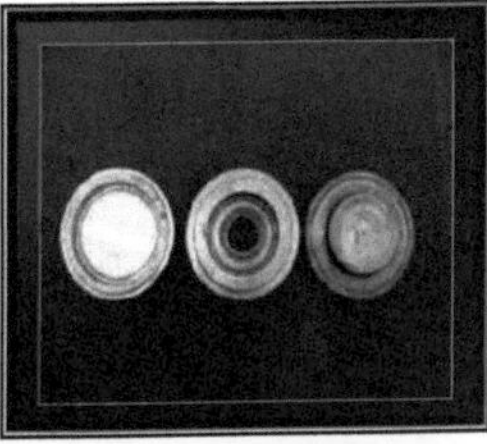

Fig. (4.3) os moldes utilizados.

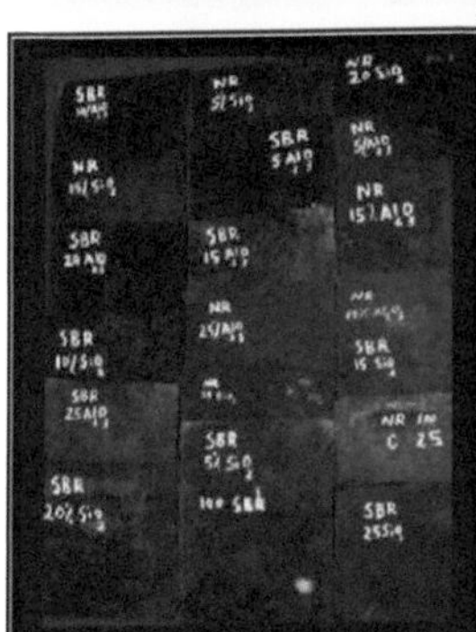
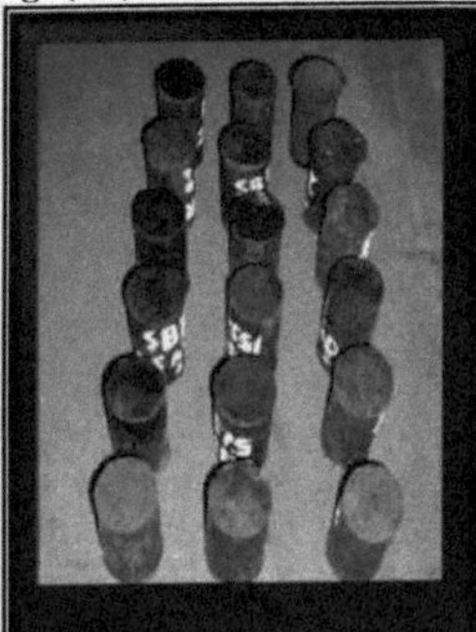
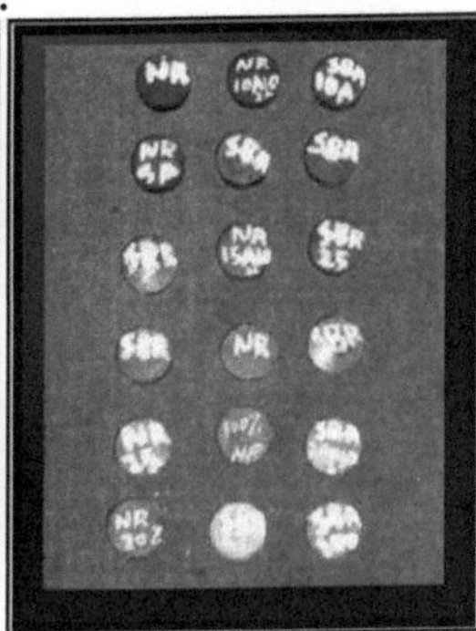

Fig. (4.4) Amostras produzidas a partir de moldes.

4.4.3 Moldagem por compressão e vulcanização

Vulcanização ou cura são dois termos intercambiáveis utilizados para descrever o processo através do qual as borrachas reagem com produtos químicos, normalmente na presença de calor, para converter o estado não curado no estado geralmente aceite de "borracha" ou "elástico". A NR, a SBR, a IR, a IIR, a EPDM, a NBR e outras reagem com enxofre e produtos químicos que contêm enxofre para atingir este objetivo [96 e 97].

Depois de os compostos de borracha terem sido devidamente misturados no moinho e moldados em folhas, as folhas foram deixadas durante um certo tempo antes de serem vulcanizadas em moldes limpos, polidos e lubrificados para executar a moldagem por compressão a quente e a vulcanização; os produtos finais são obtidos no final do período de vulcanização. Durante a vulcanização, ocorrem as seguintes alterações:

1. A longa cadeia de moléculas de borracha torna-se reticulada por reacções com o agente de vulcanização para formar estruturas tridimensionais. Esta reação transforma o material macio e fraco, semelhante a um plástico, num produto plástico forte.
2. A borracha perde a sua pegajosidade e torna-se insolúvel em solventes e mais resistente à deterioração normalmente causada pelo calor, luz e processos de envelhecimento.

De um modo geral, o processo de vulcanização implicou que a prensa de vulcanização fosse aquecida principalmente por uma fonte eléctrica que era de (140, 150 e 170 °C) para os moldes com dimensões (300*300*6 mm), (40 mm de diâmetro*70 mm de altura) e (28 mm de diâmetro * 13 mm de altura), respetivamente. O molde vazio foi levado à temperatura de vulcanização na prensa fechada e mantido durante pelo menos 20 minutos antes de serem inseridas as folhas não vulcanizadas. A prensa tinha capacidade para exercer uma pressão de (90 MPa) na superfície do molde durante o período de vulcanização, que foi de (15, 20, 45 min) para os moldes acima referidos, respetivamente. No entanto, as chapas foram vulcanizadas a diferentes temperaturas e períodos, de acordo com a norma ASTM D 3182, consoante o ensaio recomendado [94].

4.5 Ensaios mecânicos

4.5.1 Ensaio de tração

Este ensaio é efectuado de acordo com a norma ASTM D 412 para (24) amostras diferentes a 20 °C. A amostra do haltere é mostrada na fig. (4.5). A força aplicada é de (500 N) com uma velocidade de tração do dispositivo (20 mm/min). A máquina de tração utilizada é (**INSTRON** 1195, fabricada em Inglaterra), como se mostra na figura (4.6).

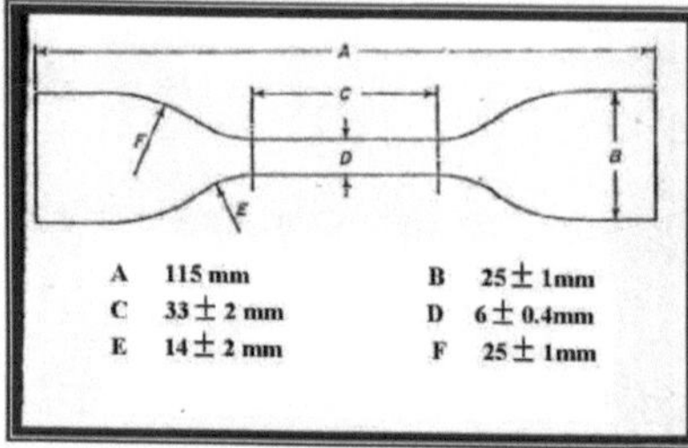

-a-

-b-

Fig. (4.5) Espécimes de ensaio de tração: a- Esquema do espécime; b- Espécime.

Fig. 4.6 **Máquina de ensaio de tração.**

4.5.2 Ensaio de compressão

Este ensaio é realizado de acordo com a norma ASTM D 575, utilizando a mesma máquina de tração, sob as condições de (20°C), carga de compressão igual (25000 N), e velocidade de compressão do dispositivo (2 mm/min). Estes provetes de compressão são mostrados na fig. (4.7).

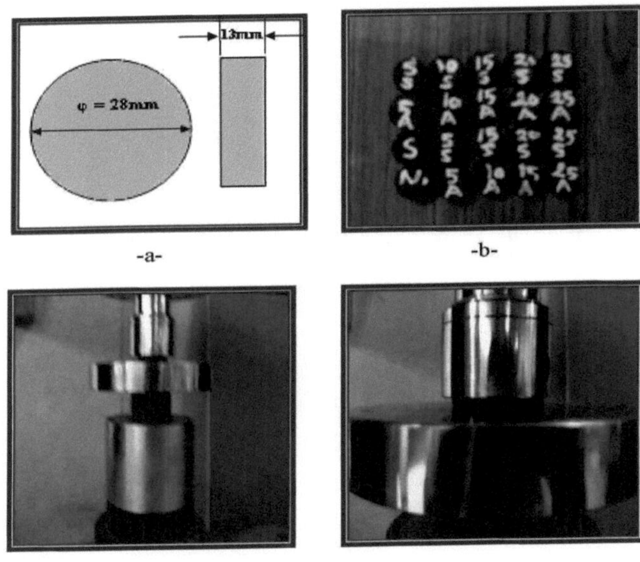

-a- -b-

-c- -d-

Fig. 4.7 **Espécimes de teste de compressão:**

a- Esquema do provete; b- Provetes; c- Durante o ensaio; d- Fim do ensaio.

4.5.3 Ensaio de dureza

Este ensaio é efectuado utilizando duas medições diferentes, o shore A e o grau internacional de dureza da borracha (IRHD), de acordo com as normas ASTM D 2240 e D1415, respetivamente. O equipamento de ensaio é apresentado na fig. (4.8). Foram efectuadas cinco medições de dureza em posições diferentes nos espécimes, com um intervalo mínimo de (6 mm), para determinar o valor médio. Como o valor da dureza é muito sensível à espessura do espécime e à distância de qualquer borda, a espessura preferida é (6-10 mm) e pelo menos (12 mm) de qualquer borda. O provete de ensaio é o mesmo que o do ensaio de condutividade térmica [76 e 77].

-a- -b-

Fig. 4.8 **Mostra equipamentos de dureza: a- Durómetro Shore (A); b- IRHD [76 e 77].**

4.5.4 Resistência ao desgaste por abrasão

Os ensaios de desgaste abrasivo de dois corpos foram efectuados num aparelho de ensaio de desgaste abrasivo de pino sobre disco, concebido para os ensaios de desgaste normalizados descritos na norma ASTM D 5963. Neste método, o provete de ensaio desloca-se sobre a superfície de um papel abrasivo (SiC) com um tamanho de partícula de (200 gm) montado num disco rotativo. O ensaio foi efectuado nas seguintes condições: período de ensaio (5 min), carga aplicada (5 N). Os provetes de ensaio são apresentados na fig. (4.9) e a máquina de desgaste por abrasão é apresentada na fig. (4.10).

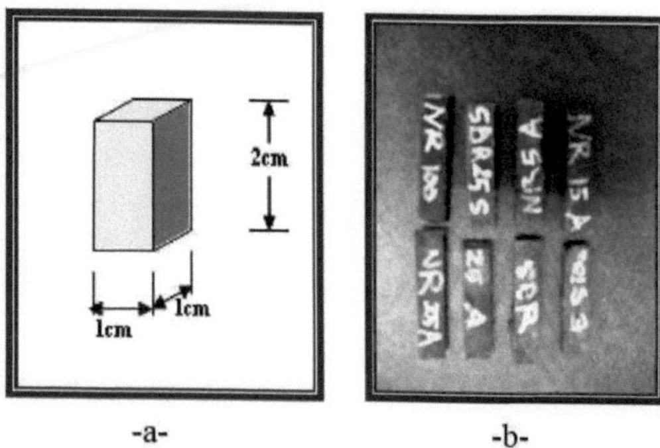

-a- -b-

Fig. (4.9) Provetes de ensaio de desgaste: a- Representação esquemática; b- Provetes.

Fig. (4.10) Máquina de ensaio de desgaste.

4.5.5 Teste de resiliência

Os provetes utilizados no ensaio de resiliência são mostrados na fig. (4.11), de acordo com a norma BS 903, utilizando o **(WALLACE DUNLOPE TRIPSOMETER)** com computador de dados, que calcula automaticamente a resiliência e a apresenta como uma percentagem numa leitura digital, como mostrado na fig. (4.12).

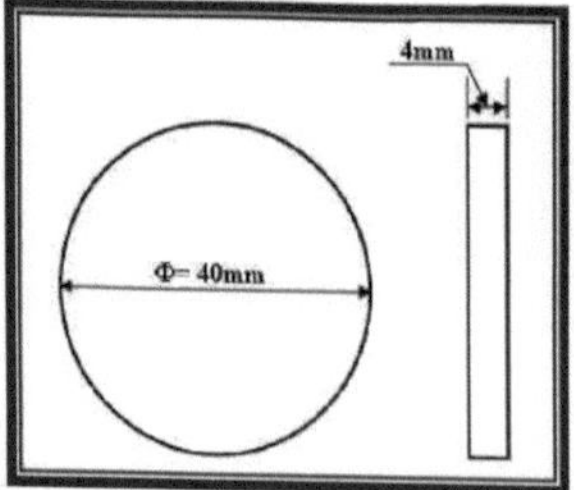

Fig. (4.11) Espécimes de resiliência: a- Espécime esquemático; b- Espécimes.

Fig. (4.12) Tripsómetro Dunlop.

4.5.6 Efeito dos líquidos (inchamento)

O método ASTM D 471 foi utilizado para determinar a percentagem de alteração da massa do material de borracha devido à absorção de líquidos. Este método envolve o corte de amostras de teste padrão, como se mostra na figura (4.13), e a sua ponderação ao ar. Em seguida, três espécimes são imersos num tubo de ensaio de vidro, como se mostra na figura (4.14) [84]. Um deles contém um líquido (óleo de motor tipo Fox Petan Super GT com uma viscosidade de 0,0003258 m^2 /seg) e o outro contém (água) à temperatura ambiente. Os tempos de imersão foram (22, 46, 72, 166 e 670 horas). Os espécimes expostos são levados à temperatura ambiente, mergulhados brevemente em acetona, secos com papel de filtro e pesados numa balança de 4 dígitos.

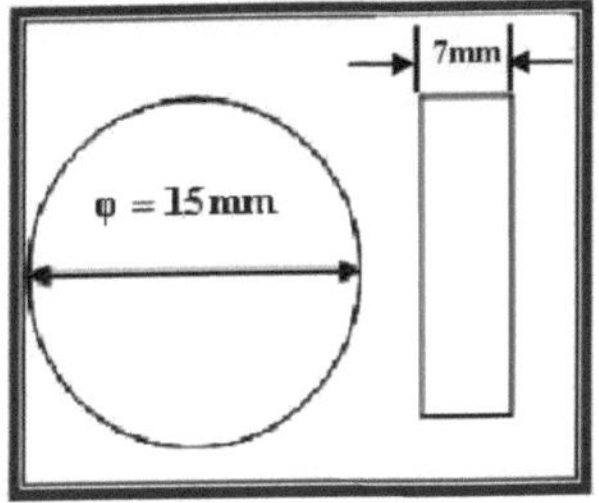

-a- -b-

Fig. 4.13Espécimes de ensaio de *dilatação*:
a- Esquema do espécime; b- Espécimes.

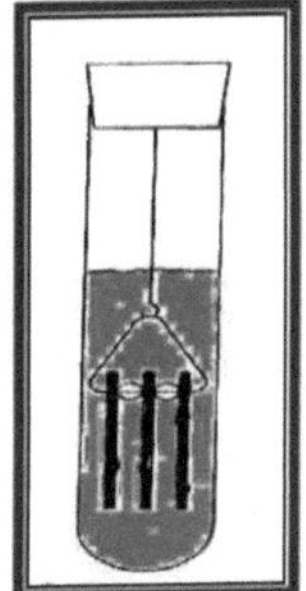

Fig. 4.14 Método de separação [84].

4.5.7 Condutividade térmica

O ensaio de condutividade térmica é efectuado nos provetes apresentados na fig. (4.15) utilizando o (Disco de Lee), como se mostra na fig. (4.16). A fonte de alimentação é determinada por uma corrente eléctrica de (i = 0,2A) e um potencial elétrico de (v = 6V) que são transformados em energia térmica através de um aquecedor de bobina. O período de ensaio termina quando T.1, T.2 e T.3 estiverem em estado estacionário.

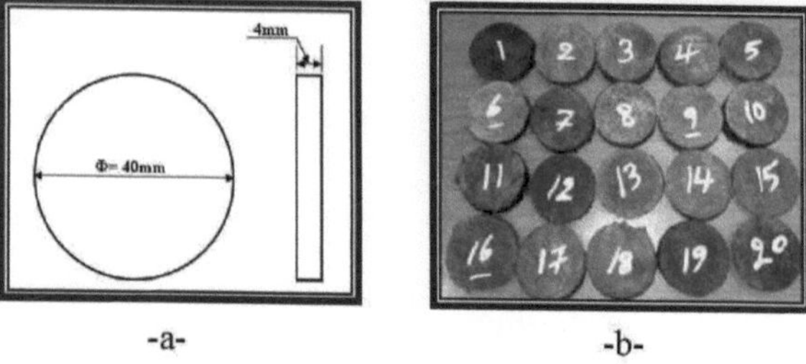

-a- -b-

Fig. (4.15) Provetes do Ensaio de Condutividade Térmica: a- Representação esquemática; b- Provetes.

Fig. (4.16) Disco de Lee.

4.5.8 Gravidade específica

A ASTM D 792 foi utilizada para todas as medições de densidade, que são baseadas na base de Arquimedes. Neste ensaio, o volume de cada amostra foi de (12 cm^3). Os espécimes de ensaio apresentados na fig. (4.17) são pesados ao ar e depois imersos em água. Os valores obtidos são aplicados na equação (3-9) mencionada anteriormente [86].

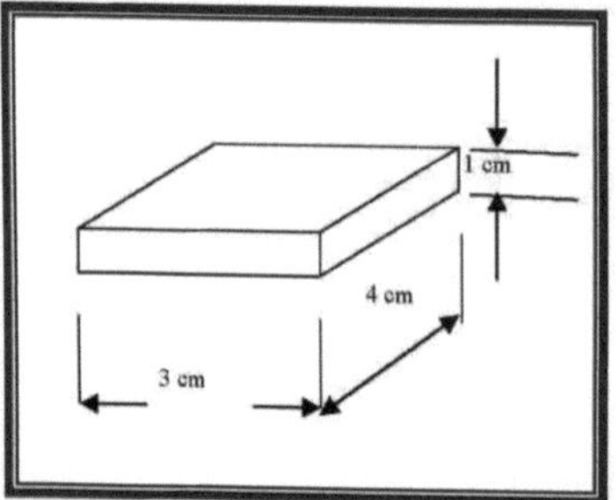

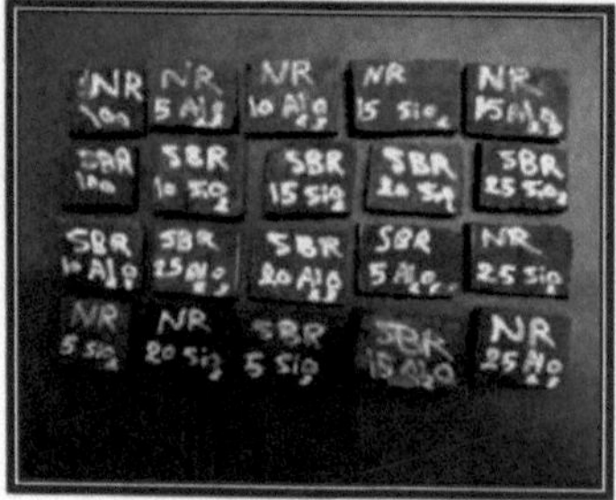

Fig. (4.17) Espécimes de gravidade específica: a- Esquema do espécime; b- Espécimes.

CAPÍTULO 5

RESULTADOS E DISSCUSSÃO

5.1 *Introdução*

Este capítulo trata dos resultados e discussões do trabalho experimental que inclui a preparação de compósitos de borracha para duas matrizes separadas; borracha natural NR e borracha de estireno-butadieno SBR, reforçadas com cargas de A12.O.3. e SiO2. separadamente em diferentes níveis de carga (0, 5, 10, 15, 20 e 25 partes por cem de borracha pphr). Foram também efectuados muitos ensaios específicos com estes compósitos. Por conseguinte, esta parte estuda os efeitos das variáveis acima referidas (tipo de matriz, tipo de cargas e respetivo nível de carga) nas propriedades mecânicas, que incluem: resistência à tração final, percentagem de alongamento na rutura, módulo de elasticidade, módulo de compressão, dureza, resistência à abrasão e resistência ao ressalto. Também estuda o efeito nas propriedades físicas, que incluem: inchaço, condutividade térmica e gravidade específica.

5.2 *Ensaio de tração*

O ensaio de tração é realizado nos espécimes para obter as curvas (carga-alongamento) e, em seguida, a partir das quais são traçadas as curvas (tensão-deformação). A resistência à tração final, o módulo de tração e a percentagem de alongamento na rutura são obtidos a partir deste ensaio.

Fig. (5(1) mostra a relação entre a tensão e a deformação em tração para SBR e NR ao nível de carga (0 pphr) de cargas de reforço. Esta figura mostra claramente que a deformação aumenta com o aumento da tensão numa relação não linear e a taxas diferentes. A resistência à tração da NR, igual a 19,68 MPa, é superior à resistência à tração da SBR, que é igual a 15,58 MPa; isto deve-se à estereoregularidade da NR, que a torna suscetível à cristalização após a deformação. Os domínios cristalinos da NR restringem as extremidades livres dos segmentos flexíveis nas cadeias de borracha (actuam como ligações cruzadas de enxofre), o que confere a resistência verde e dá à borracha vulcanizada uma elevada resistência ao crescimento de cortes em deformações severas, mesmo sem reforço, mas a SBR é amorfa e não cristaliza após o esforço [6, 8, 9].

Fig. (5(2) e (5.3) mostram a relação entre a tensão e a deformação em tração do SBR reforçado com A12.O3. e SiO2. respetivamente a diferentes níveis de carga de (0, 5, 10, 15, 20 e 25 pphr). Estas figuras ilustram que a deformação aumenta com o aumento da tensão a diferentes taxas para diferentes níveis de carga e diferentes cargas de reforço Al2.O3. e SiO.2. Isto é devido às grandes cadeias de borracha enroladas que são puxadas com a direção da tensão por deformação elástica e não ocorre nenhum estrangulamento até que as cadeias de borracha se rasguem e a amostra seja fracturada [42, 43] .

Também se pode ver a partir destas figuras que o módulo de elasticidade e a resistência à tração final aumentam com o aumento do nível de carga de ambos os enchimentos de reforço Al_2 .O_3 . e SiO_2 , isto deve-se ao facto de os enchimentos de reforço impedirem o deslizamento das cadeias de borracha e as fixarem [98, e 99].

As Fig. (5.4) e (5.5) mostram a relação entre a tensão e a deformação em tração para a NR reforçada com Al.$_2$ .O.$_3$. e SiO_2 . respetivamente a diferentes níveis de carga (0, 5, 10, 15, 20 e 25 pphr). É claro a partir destas figuras que a deformação aumenta com o aumento da tensão a diferentes taxas para diferentes níveis de carga e diferentes cargas de reforço Al_2 .O_3 . e SiO_2 . devido à mesma razão mencionada anteriormente para SBR. Também se pode ver a partir destas figuras que o módulo de elasticidade e a resistência à tração final aumentam com o aumento do nível de carga de ambas as cargas de reforço.

1.1.1 Módulo de tração a 100% de alongamento (MOD 100)

As Figuras (5.6) e (5.7) mostram a relação entre o módulo de tração e o nível de carga das cargas de reforço Al2O3. e SiO.2. a 100% de alongamento i.e. (MOD 100) para SBR e NR respetivamente. Estas figuras mostram que o módulo de tração aumenta com o aumento do nível de carga das cargas de reforço Al2O3. e SiO.2. numa relação não linear a diferentes taxas. Para a NR, a taxa de aumento é maior do que a da SBR. As cargas de reforço SiO.2. melhoram o módulo de tração mais do que as cargas de reforço Al2O3.

A partir da fig. (5.6), o módulo de tração do SBR aumentou de 6,74 MPa no nível de carga (0 pphr) para 10 MPa e 13 MPa no nível de carga (25 pphr) para Al2O3 e SiO.2. respetivamente. Isto significa que as cargas de reforço SiO.2. aumentam o módulo de tração mais do que as cargas Al2.O.$_3$., o que se deve ao mecanismo de reforço da seguinte forma ***em primeiro lugar***: reforço de partículas grandes para a carga de reforço Al2.O.$_3$. que tem um tamanho de partícula <30 pm, esta carga tende a restringir o movimento da fase matriz na vizinhança de cada partícula, enquanto a matriz (borracha) transfere alguma da carga aplicada para as partículas e suporta uma fração da mesma, e ***em segundo lugar***: reforço da dispersão de SiO.2. que tem um tamanho de partícula < 40 nm, esta carga dificulta ou impede o deslizamento das cadeias de borracha e requer uma tensão elevada para as curvar num espaço estreito entre as partículas, em comparação com as partículas grandes de Al2.O.3 . e a matriz suporta a maior parte da carga aplicada [9 e 100].

A partir da fig. (5.7), o módulo de tração da NR aumentou de 10,2 MPa ao nível de carga (0 pphr) para 15 MPa e 18 MPa ao nível de carga (25 pphr) para Al2O3 e SiO.2. respetivamente. Isto significa que os enchimentos de reforço SiO.2. aumentam o módulo de tração mais do que os enchimentos Al2.O.3 . devido às diferenças no tamanho das partículas, como mencionado anteriormente. Este resultado está de acordo com outros trabalhadores [26, 32, e 98].

1.1.2 Resistência à tração final

A relação entre a resistência à tração final e o nível de carga das cargas de reforço Al_2 O3. e SiO_2 . é mostrada nas fig. (5.8) e (5.9) para SBR e NR, respetivamente.

A partir destas figuras, pode ver-se que as cargas de reforço SiO.2. melhoram a resistência à tração final mais do que as cargas de reforço Al O_{23} . em ambas as matrizes SBR e NR devido à diferença de tamanho de partícula e propriedades mecânicas mencionadas anteriormente, de modo que a resistência à tração final do SBR atinge 33 MPa e 67,35MPa ao nível de carga de 25 pphr para Al O_{23} . e SiO_2 . respetivamente. A resistência à tração final da NR atinge 36 MPa e 70 MPa a um nível de carga de 25 pphr para Al_2 .O.3 . e SiO,2 . respetivamente.

Pode ver-se claramente que o reforço por NR é maior do que por SBR devido aos segmentos flexíveis das cadeias de NR que não são mobilizados nem em ligações cruzadas nem em domínios cristalinos que induzem a deformação, enquanto o vulcanizado de SBR carece de auto-reforço, ou seja, cristalização induzida por deformação, mas esta inadequação é compensada pela adição de cargas de reforço, ou seja, negro de carbono, sílica e alumina ....etc [6, 8 e 9].

1.1.3 Percentagens de alongamento na rutura

As figuras (5.10) e (5.11) mostram a relação entre a percentagem de alongamento na rotura e o nível de carga das cargas de reforço Al_2 .O.3 . e SiO_2 . para SBR e NR, respetivamente. Pode observar-se a partir destas figuras que a percentagem de alongamento na rutura aumenta com o aumento do nível de carga das cargas de reforço. Isto deve-se ao segundo papel das cargas, para além do papel de reforço, que é o preenchimento dos vazios que existem naturalmente na estrutura da borracha, diminuindo assim estas regiões descontínuas que actuam como geradoras de tensão, aumentando assim a resistência à rutura e a deformação (alongamento) [8].

As percentagens crescentes de alongamento do SBR a partir do nível de carga (0 a 25 pphr) são 27,7% e 41,7% para Al_2 O3. e SiO_2 . respetivamente. Também as percentagens crescentes de alongamento da NR a partir do nível de carga (0 a 25 pphr) são de 60% e 200% para Al O_{23} . e SiO_2 . respetivamente.

Pode notar-se nas figuras 5.10 e 5.11 que as cargas de reforço SiO_2 . aumentam a percentagem de alongamento na rutura mais do que as cargas de reforço Al_2 .O_3 . para ambas as matrizes SBR e NR devido à dispersão mais ampla de SiO_2 que é maior do que Al_2 .O_3 . devido ao tamanho de partícula mais fino de SiO .2

5.3 *Teste de compressão*

Este ensaio é efectuado para obter as curvas (carga-deformação) e, em seguida, para obter a partir delas as curvas (tensão-deformação).

As Fig. (5.12) e (5.13) mostram a relação entre a tensão e a deformação em compressão do SBR reforçado com cargas de Al_2 .O.3 . e SiO_2 . respetivamente. As Fig. (5.14) e (5.15) mostram a relação entre a tensão e a deformação na compressão da NR reforçada com cargas de Al_2 .O.3 . e SiO_2 . respetivamente. Estas figuras ilustram que a tensão aumenta com o aumento da deformação numa relação não linear a diferentes taxas para diferentes níveis de carga e para diferentes tipos de cargas de reforço de SBR e NR.

As Fig. (5.16) e (5.17) ilustram a relação entre o módulo de compressão e o nível de carga das cargas de reforço Al_2 .O.3 . e SiO_2 . para SBR e NR, respetivamente. Estas figuras mostram que o módulo de compressão está relacionado com o nível de carga das cargas de reforço através de uma relação não linear. Pode ver-se na fig. (5.16) que o módulo de compressão é de 16,5 MPa e 21 MPa para o SBR reforçado com 25 pphr de Al_2 .O.3 . e SiO_2 . respetivamente; assim, as percentagens de melhoria do módulo de compressão neste estado são 168,84% e 230,5%, respetivamente, em comparação com o nível de carga de 0 pphr.

Também a partir da fig. (5.17), o módulo de compressão é de 18 MPa e 22,7 MPa para a NR reforçada com 25 pphr de Al_2 O.3 . e SiO_2 . respetivamente, ou seja, as percentagens de melhoria são de 83,3% e 152,2% em comparação com o nível de carga de 0 pphr. A partir destes valores, podem ser observadas duas notas: em primeiro lugar, o SiO_2 melhora o módulo de compressão melhor do que o Al O_{23} . tanto em SBR como em NR, devido ao efeito das diferenças de tamanho de partícula da carga de reforço mencionadas anteriormente e, ***em segundo lugar***, as percentagens de melhoria de SBR são mais elevadas do que as de NR devido à cristalização induzida pela tensão de NR, que diminui o efeito de reforço das cargas [6 e 8].

5.4 *Ensaio de dureza*

Este teste é efectuado através de duas abordagens: Grau Internacional de Dureza da Borracha (IRHD) e durómetro Shore (A). As figuras 5.18 e 5.19 mostram o IRHD em função do nível de carga das cargas de reforço Al O_{23} . e $SiO_{.2}$. para SBR e NR, respetivamente. As Fig. (5.20) e (5.21) mostram a dureza shore (A) em função do nível de carga das cargas de reforço Al O_{23} . e SiO_2 . para SBR e NR, respetivamente. A partir destas figuras, pode ver-se que a dureza da borracha mostra um incremento significativo com o aumento do nível de carga das cargas de reforço num comportamento não linear, mas a taxas diferentes em cada aparelho de ensaio Durometer.

Também se pode observar que as cargas de reforço SiO_2 . aumentam a dureza a uma taxa mais elevada do que as cargas Al O_{23} . tanto na borracha SBR como na NR. A dureza da SBR atinge valores de 79 IRHD e 85 IRHD, ou seja, as percentagens de aumento são de 43,63% e 54,54% para as cargas de reforço ao nível de carga de 25 pphr de Al O_{23} . e SiO_2 . respetivamente, em comparação com o nível de carga de 0 pphr. A dureza NR atinge valores de67 IRHD e 76 IRHD, ou seja, as percentagens de aumento são de 26,41% e 30,26% a 25 pphr de cargas de reforço Al O_{23} . e SiO_2 . respetivamente, em comparação com o nível de carga de 0 pphr. Isto deve-se ao SiO $_{.2}$
As cargas de reforço têm um tamanho de grão mais fino do que o Al_2 O3.. Isto significa que o SiO2 tem uma área de superfície maior do que o A12O3. cargas, que em contacto com a borracha são principalmente por ligações físicas do que o Al2O3. O compósito com ligações fortes torna-o mais duro, impedindo o movimento da matriz ao longo da direção da tensão. Estes resultados estão de acordo com os de outros trabalhadores [26 e 32].

5.5 *Teste de desgaste por abrasão*

As Fig. (5.22) e (5.23) mostram a taxa de desgaste do SBR e da NR (como indicador do recíproco da resistência ao desgaste por abrasão) versus o nível de carga das cargas de reforço, respetivamente. Estas figuras mostram que a taxa de desgaste da SBR e da NR é inversamente proporcional ao nível de carga das cargas de reforço e que a relação não é linear.

A resistência ao desgaste da borracha sem enchimento pode geralmente ser melhorada através da introdução de um enchimento de reforço no material da matriz. A explicação é que o deslizamento de abrasivos numa superfície sólida resulta na remoção de volume, e o mecanismo de desgaste depende da dureza do componente compósito, que é um parâmetro chave na regulação da quantidade de remoção de material, de modo que a presença da carga de reforço aumenta a dureza efectiva do compósito, que actua para reduzir a quantidade de remoção de material [101, 102].

Observa-se a partir destas figuras que a taxa de desgaste do SBR a 0 pphr é igual a 6,689 mm^3 /mm, e atinge 2,96 mm^3 /mm e 0,91 mm^3 /mm a 25 pphr de cargas de reforço Al_2 O3. e SiO_2 . respetivamente. Assim, as percentagens de diminuição da taxa de desgaste do SBR são de 64% e 89% quando reforçado com 25 pphr de Al_2 O3. e $SiO_{,2}$. respetivamente, em comparação com o nível de carga de 0 pphr. Além disso, a taxa de desgaste da NR a um nível de carga de 0 pphr é igual a 8,276 mm^3 /mm, e atinge 4,3 mm^3 /mm e 2,1 mm^3 /mm a 25 pphr de Al_2 O3. e $SiO_{,2}$. respetivamente. Assim, as percentagens de diminuição da taxa de desgaste da NR são (38%) e (71%) quando reforçada com 25 pphr de Al_2 .O.$_3$. e SiO_2 . respetivamente, em comparação com o nível de carga de 0 pphr.

Isto significa que a borracha reforçada com cargas de SiO_2 . diminuiu a taxa de desgaste (aumento da resistência ao desgaste por abrasão) mais do que as cargas de Al O_{23} . Isto deve-se ao facto de o reforço ser reduzido devido a falhas na interface matriz-reforço ou no próprio reforço. A resistência ao desgaste por abrasão é influenciada, ***em primeiro lugar,*** pelos seguintes factores*:* propriedades interfaciais em que a carga $SiO_{.2}$. tem uma ligação interfacial mais forte com a borracha através de um agente de acoplamento de silano do que a ligação Al O_{23} . Este facto torna mais difícil o desgaste por descolagem interfacial*.* ***Em segundo lugar,*** as propriedades geométricas, em que a dimensão das partículas das cargas de SiO_2 . é mais fina do que a das cargas de Al O_{23} .; por conseguinte, tem uma área de superfície maior do que as cargas de $Al._2$ $O._3$. A contribuição das cargas para a resistência ao desgaste por abrasão é inversamente proporcional ao seu tamanho de partícula, ou seja, o tamanho de partícula mais fino aumenta a resistência ao desgaste por abrasão ao diminuir a taxa de desgaste. ***Terceiro:*** propriedades mecânicas do reforço, ou seja, a cerâmica SiO_2 . é mais dura do que o Al O_{23} . na natureza [102, e 103].

5.6 *Teste de resiliência de recuperação*

As Figuras (5.24) e (5.25) mostram a relação entre as percentagens de resiliência e o nível de carga de cargas de reforço de Al O_{23} . e $SiO_{.2}$, para SBR e NR, respetivamente. A partir destas figuras, pode concluir-se o seguinte ***Em primeiro lugar:*** as percentagens de resiliência são inversamente proporcionais ao nível de carga das cargas. Isto deve-se ao facto de a carga de reforço interferir com as cadeias de borracha e impedir a mobilidade das cadeias flexíveis quando estas são sujeitas a tensão. Além disso, as cargas interferentes podem encurtar o comprimento de cadeias muito longas, o que leva à diminuição da elasticidade da borracha e, consequentemente, da resiliência. Por conseguinte, quando o nível de carga das cargas de reforço é aumentado, o seu efeito aumenta [26 e 31]. ***Em segundo lugar:*** as cargas $SiO._2$ reduzem as percentagens de resiliência mais do que o Al O_{23} .. Isto deve-se ao facto de as partículas de SiO_2 serem mais finas do que as de Al O_{23} ., o que significa uma maior área de superfície e uma ampla dispersão, através da qual a maior parte da energia de impacto pode ser absorvida e a resiliência é reduzida. ***Em terceiro lugar,*** a NR tem uma resiliência superior à da SBR porque a cristalização induzida pela tensão tornou a NR mais elástica do que a SBR amorfa, ou seja, a energia de impacto recuperada da NR é superior à da SBR. Este facto está de acordo com os trabalhos [26 e 31].

5.7 *Inchaço (efeito dos líquidos)*

Este teste é realizado em 44 espécimes, metade dos quais são imersos em óleo de motor e os outros são imersos em água. As Fig. (5.26) e (5.27) mostram a variação da percentagem de massa em função do tempo de imersão em ***água*** para o SBR reforçado com cargas Al_2 $O._3$. e $SiO,_2$ respetivamente. As Fig. (5.28) e (5.29) mostram a variação da percentagem de massa em função do tempo de imersão em ***água*** para a NR reforçada com cargas Al_2 $O._3$. e $SiO._2$. respetivamente. As Fig. (5.30) e (5.31) mostram a variação da percentagem de massa em função do tempo de imersão em ***óleo de motor*** para o SBR reforçado com cargas Al_2 .O_3 . e $SiO,_2$. respetivamente. As Fig. (5.32) e (5.33) mostram a variação da percentagem de massa em função do tempo de imersão no ***óleo do motor*** para a NR reforçada com cargas Al_2 .O_3 . e SiO_2 . respetivamente. Pode notar-se claramente que a alteração na percentagem de massa para o compósito de borracha mostra um incremento não linear à medida que o tempo de imersão aumenta até aproximadamente (166 horas ~ 7 dias), depois, as alterações na massa tornam-se quase constantes com o tempo de imersão até ao fim do tempo de ensaio.

As Fig. (5.34) e (5.35) mostram a relação entre a variação da percentagem de massa ***devido à absorção de água*** e o nível de carga das cargas de reforço Al O_{23} . e SiO_2 . para os compósitos SBR e NR, respetivamente. As Fig. (5.36) e (5.37) mostram a relação entre a variação da percentagem de massa ***devido à absorção de óleo*** e o nível de carga das cargas de reforço Al2.$O._3$ e SiO2. para os compósitos SBR e NR, respetivamente. A partir destes valores, observam-se os seguintes factos***: em primeiro lugar,*** a alteração da percentagem de massa é inversamente proporcional ao nível de carga das cargas, devido à diminuição dos espaços e vazios pelas cargas. ***Em segundo lugar:*** a absorção de água é superior à absorção de óleo do motor, o que se deve à maior viscosidade do óleo em comparação com a água. Além disso, a água incha apenas através da porosidade da borracha, mas o óleo de motor incha dissolvendo a borracha e atravessa-a, de modo que a alteração na massa de SBR reforçada com 25 pphr de SiO2. que foi imersa em óleo é de 1,5%, mas que foi imersa em água é de 12%. ***Em terceiro lugar:*** A influência do tipo de cargas no inchaço é relativamente pequena em comparação com o efeito da quantidade de cargas. Por vezes, o efeito do tipo de material de enchimento não é muito superior ao erro médio de medição. No entanto, há uma diminuição muito pronunciada no inchaço da matriz quando a carga de enchimento é aumentada, de modo que as mudanças na percentagem de massa de NR imersa em água e reforçada com 25 pphr de Al O_{23} . e $SiO._2$. respetivamente são 10,5% e 8,5%. Estes resultados estão de acordo com os de outros trabalhadores [26, e 32].

Teste de condutividade térmica

As Fig. (5.38) e (5.39) mostram a relação entre a condutividade térmica e o nível de carga das cargas de reforço de SBR e NR, respetivamente. Estas figuras ilustram que a condutividade térmica é diretamente proporcional ao nível de carga da carga de reforço, dependendo da regra da mistura, pelo que a condutividade térmica do compósito é regida pelas quantidades dos seus componentes e pelas suas propriedades. Também as cargas Al_2 O3. melhoram a condutividade térmica do compósito de borracha mais do que as cargas SiO2. Isto deve-se à condutividade térmica do Al_2 .O3. que é maior do que a condutividade térmica do SiO_2 .. Além disso, o compósito de SBR tem uma condutividade térmica mais elevada do que o compósito de NR, dependendo da estrutura e das diferenças químicas.

A Fig. (5.40a) mostra a relação entre a temperatura e o tempo do SBR reforçado com 0 pphr de cargas de reforço Al O_{23} . e SiO_2 .. As Fig. (5.40b) e (5.40c) mostram a relação entre a temperatura e o tempo do SBR reforçado com 25 pphr de cargas de reforço Al O_{23} . e $SiO._2$. respetivamente. Estas figuras mostram claramente que a diferença de temperatura (**AT = T_2 - T1**) °C diminui com a adição de cargas, ou seja, a condutividade térmica do compósito aumenta. Os valores de **AT** °C e a condutividade térmica de SBR e NR a 0 pphr e 25 pphr para ambas as cargas estão resumidos na tabela (51)

5.8 *Resultados da gravidade específica*

A relação entre a gravidade específica e o nível de carga das cargas de reforço $Al2O_3$. e SiO.2. é mostrada nas figuras (5.41) e (5.42) para SBR e NR, respetivamente. A partir destas figuras, a gravidade específica mostra um incremento não linear com o nível de carga das cargas de reforço devido ao preenchimento dos vazios pelas cargas. Estas cargas têm uma gravidade específica mais elevada do que a da borracha, o que torna o compósito de borracha mais denso por unidade de volume. Para além do acima exposto, as cargas de Al_2 .O_3 . proporcionam um maior aumento da gravidade específica do que as cargas de SiO_2 . devido à maior gravidade específica do Al_2 .O_3 ..

A Tabela (5.1) mostra a condutividade térmica de alguns compósitos.

Composite	ΔT (°C)	k (w/m .°C)
SBR+0 pphr (Al_2O_3+SiO_2)	**4**	**0.3020**
SBR+25 pphr SiO_2	**3.25**	**0.37123**
SBR+25 pphr Al_2O_3	**2.5**	**0.4143**
NR+0 pphr (Al_2O_3+SiO_2)	**7.5**	**0.16243**
NR+25 pphr SiO_2	**6.25**	**0.1945**
NR+25 pphr Al_2O_3..	**5.5**	**0.2282**

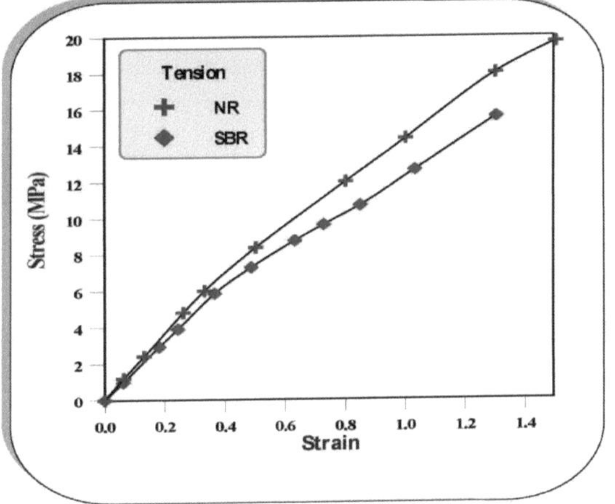

Fig. 5.1 **Tensão vs. Deformação em tração para SBR e NR ao nível de carga (0 pphr) de cargas de reforço.**

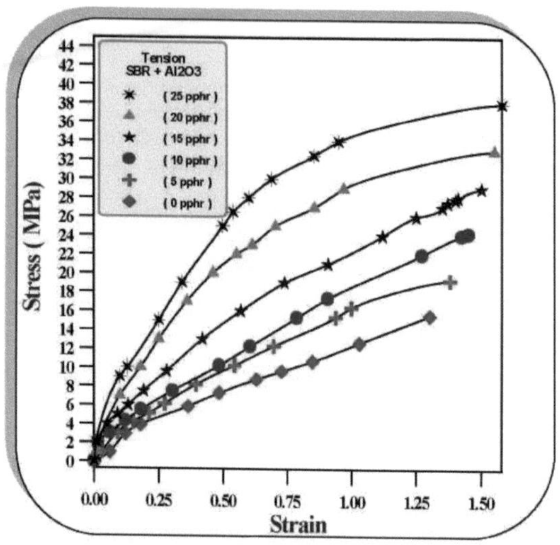

Fig. 5.2 **Tensão vs. Deformação em tração para SBR reforçado com Al O_{23} Fillers a diferentes níveis de carga.**

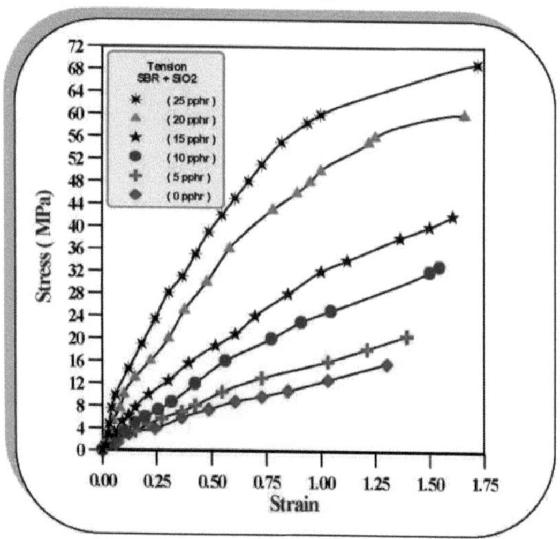

Fig. 5.3 **Tensão vs. Deformação em tração para SBR reforçado com cargas de SiO_2 a diferentes níveis de carga.**

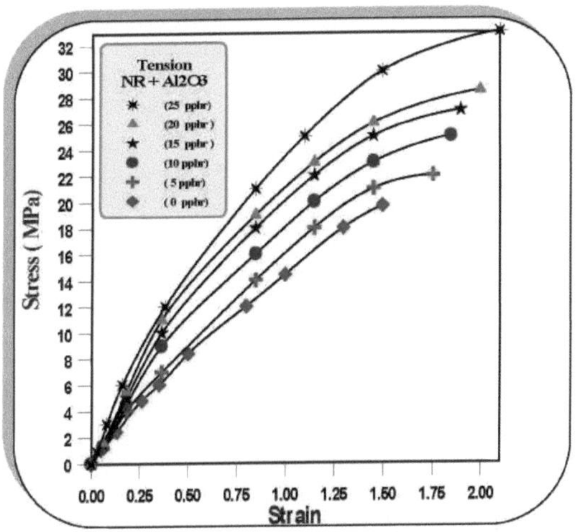

Fig. 5.4 Tensão vs. deformação em tração para NR reforçada com cargas de A12O3 a diferentes níveis de carga.

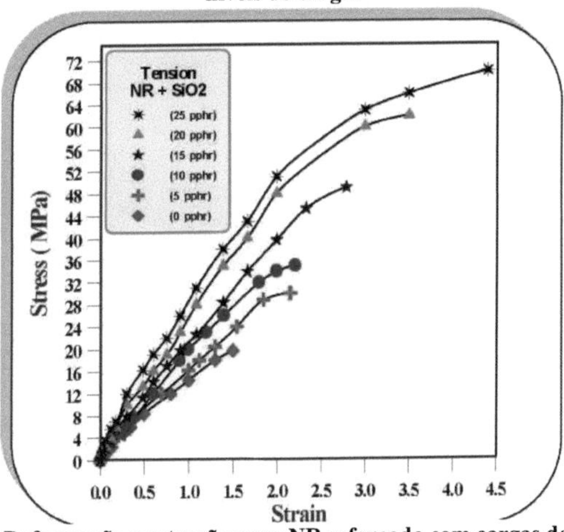

Fig. 5.5 Tensão vs. Deformação em tração para NR reforçada com cargas de SiO2 a diferentes níveis de carga.

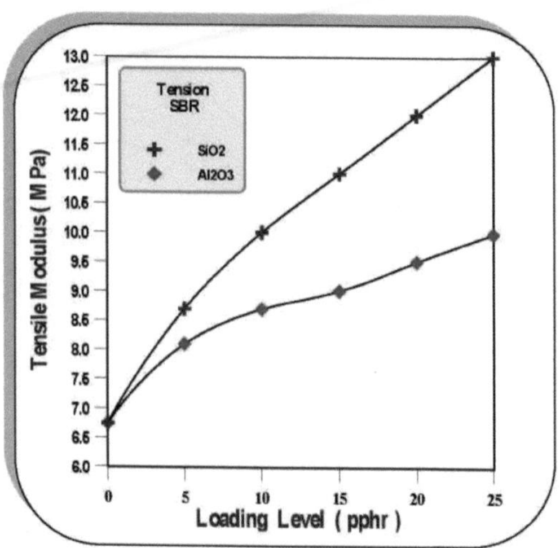

Fig. 5.6 Módulo de tração vs. nível de carga das cargas de reforço Al_2 O3e SiO_2 para o compósito SBR .

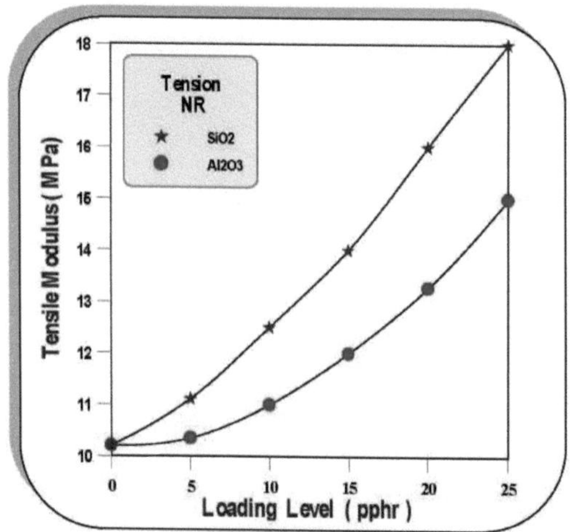

Fig. 5.7 Módulo de tração vs. nível de carga das cargas de reforço Al_2 O3 e SiO_2 para o compósito NR .

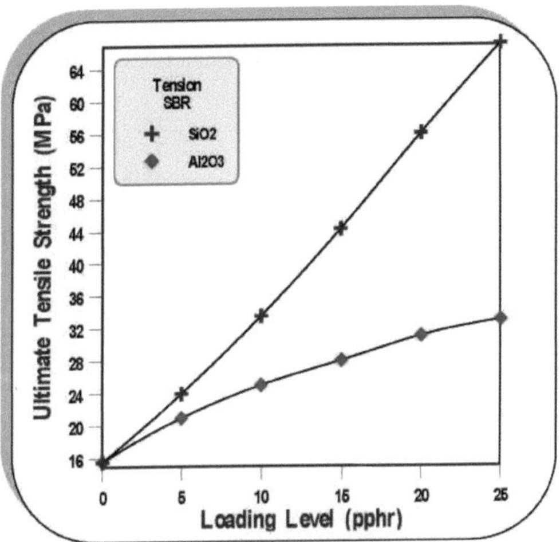

Fig. 5.8 Resistência à tração final vs. nível de carga das cargas de reforço A12O3 e SiO2 para o compósito SBR.

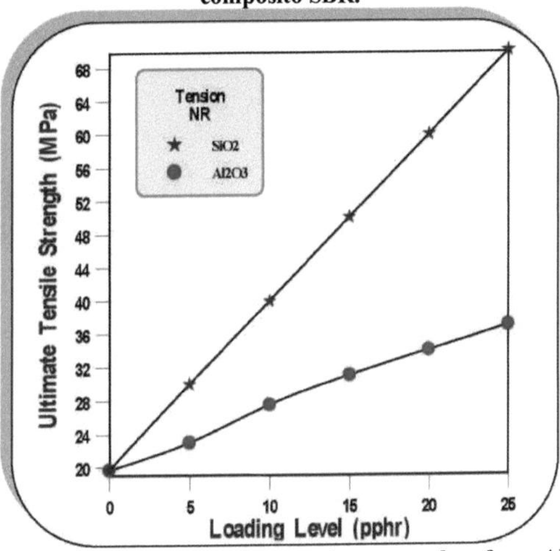

Fig. 5.9 Resistência à tração final vs. nível de carga das cargas de reforço Al2O3 e SiO2 para o compósito NR.

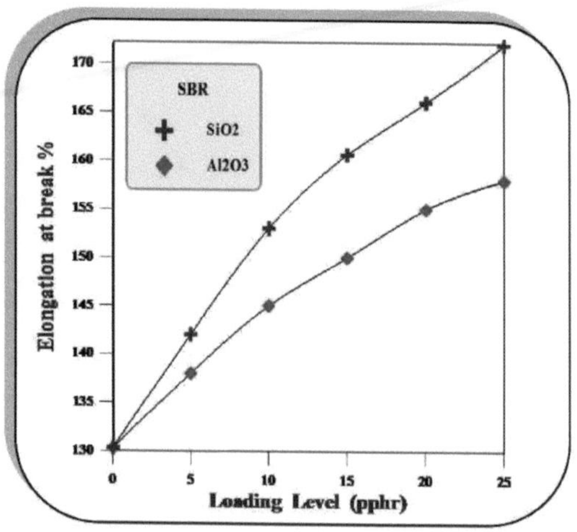

Fig. 5.10 Percentagens de alongamento na rotura vs. nível de carga das cargas de reforço Al2O3 e SiO2 para o compósito SBR.

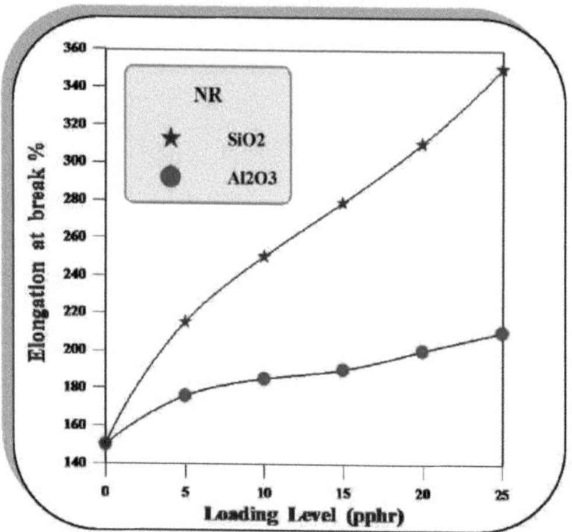

Fig. 5.11 Percentagens de alongamento na rotura vs. nível de carga das cargas de reforço Al2O3 e SiO2 para o compósito NR.

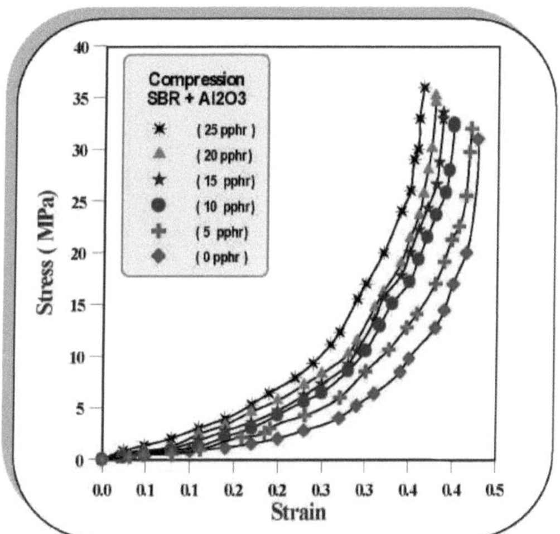

Fig. 5.12 Tensão vs. Deformação em Compressão para SBR reforçado com Al O_{23} Fillers em diferentes níveis de carga.

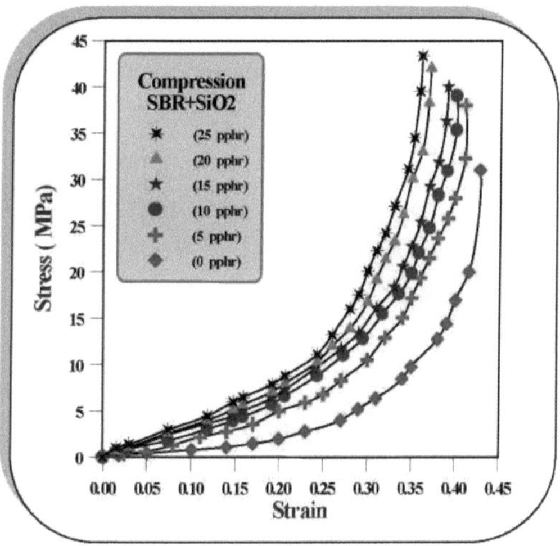

Fig. 5.13 Tensão vs. deformação em compressão para SBR reforçado com cargas de SiO_2 em diferentes níveis de carga.

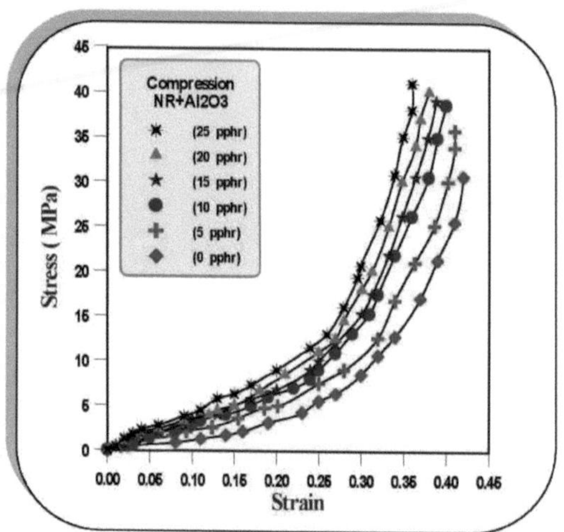

Fig. 5.14 Tensão vs. deformação em compressão para NR reforçada com cargas de Al O_{23} em diferentes níveis de carga.

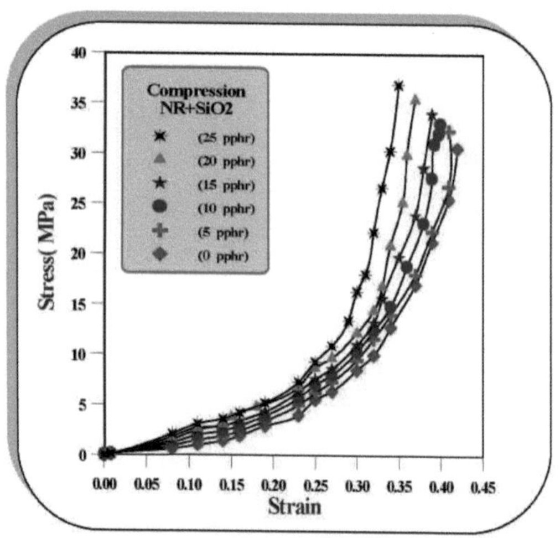

Fig. 5.15 Tensão vs. deformação em compressão para NR reforçada com cargas de SiO_2 em diferentes níveis de carga.

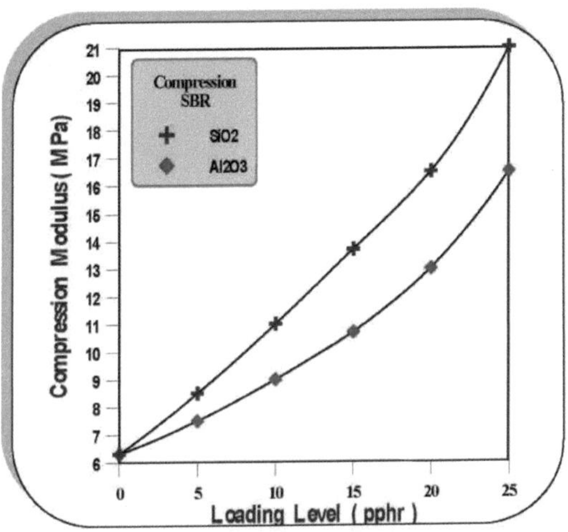

Fig. 5.16 Módulo de compressão vs. nível de carga das cargas de reforço Al2O3 e SiO2 para o compósito SBR.

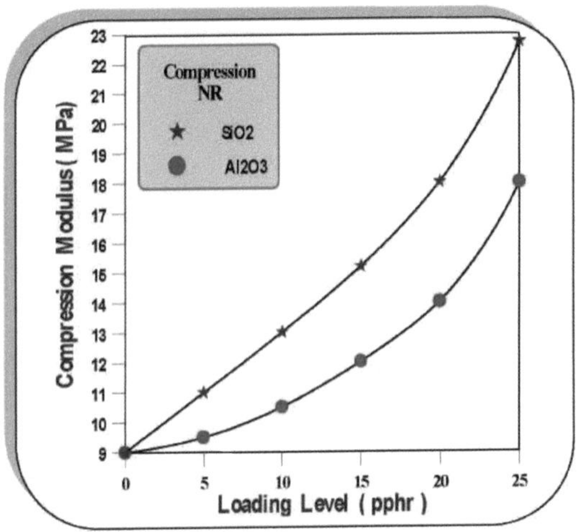

Fig. 5.17 Módulo de compressão vs. nível de carga das cargas de reforço Al2O3 e SiO2 para o compósito NR.

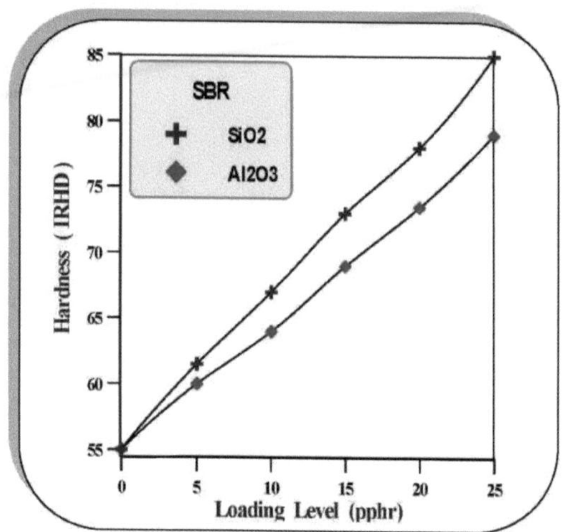

Fig. 5.18 IRHD vs. Nível de carga das cargas de reforço Al2O3e SiO2 para o compósito SBR .

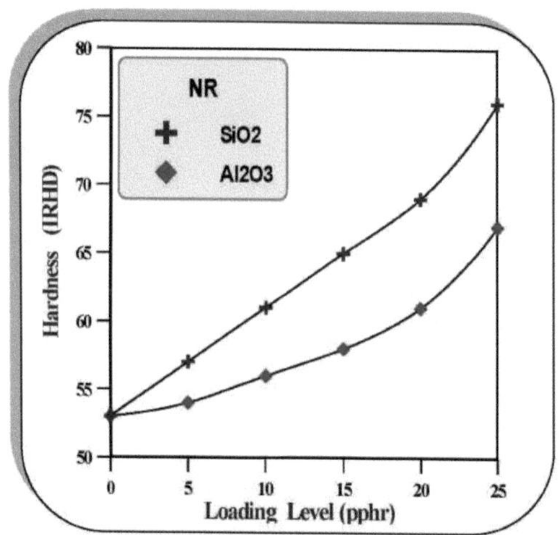

Fig. 5.19 IRHD vs. Nível de carga das cargas de reforço Al2O3e SiO2 para o compósito NR.

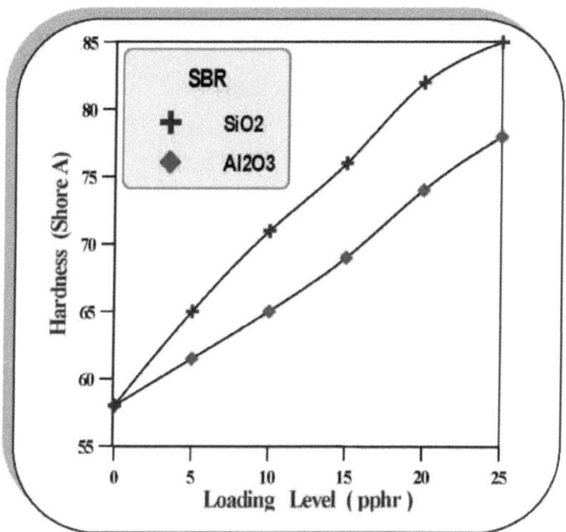

Fig. 5.20 Dureza Shore (A) vs. Nível de carga das cargas de reforço Al2O3 e SiO_2 para o compósito SBR.

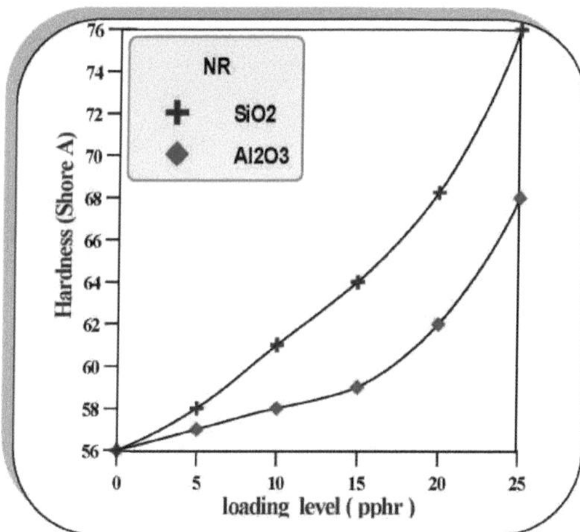

Fig. 5.21 Dureza Shore (A) vs. Nível de carga das cargas de reforço Al2O3 e SiO_2 para o NR Composite.

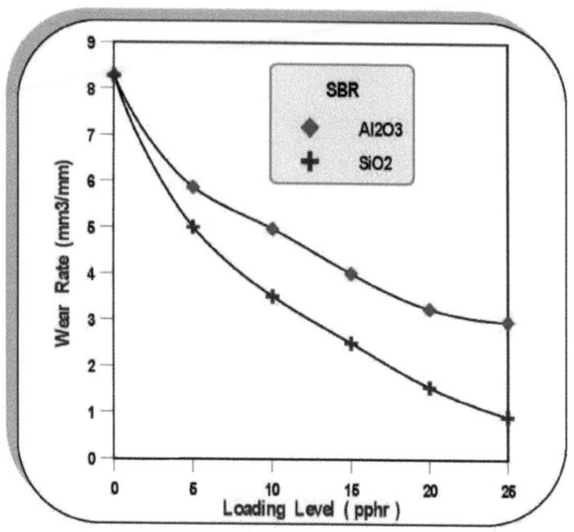

Fig. 5.22 Taxa de desgaste vs. nível de carga das cargas de reforço A12O3 e SiO_2 para o compósito SBR .

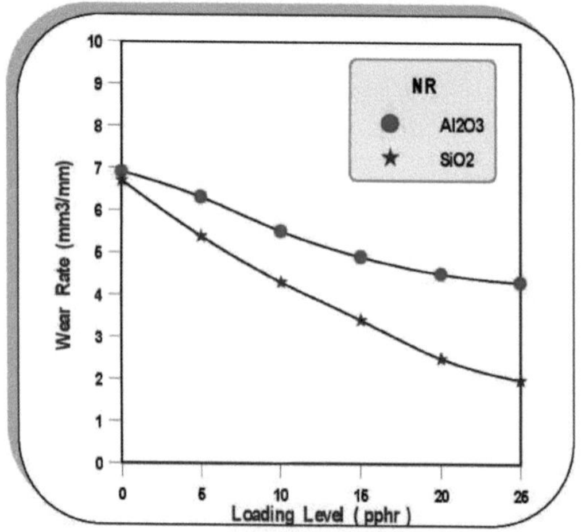

Fig. 5.23 Taxa de desgaste vs. nível de carga das cargas de reforço A12O3 e SiO_2 para o compósito NR.

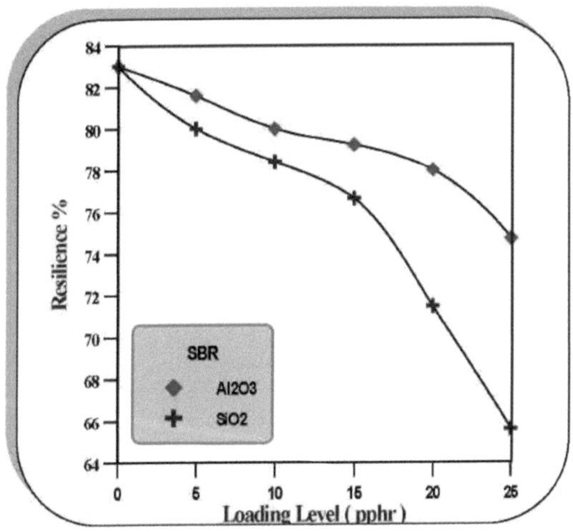

Fig. 5.24 Resiliência ao ressalto vs. nível de carga das cargas de reforço Al_2 O3 e SiO_2 para o compósito SBR.

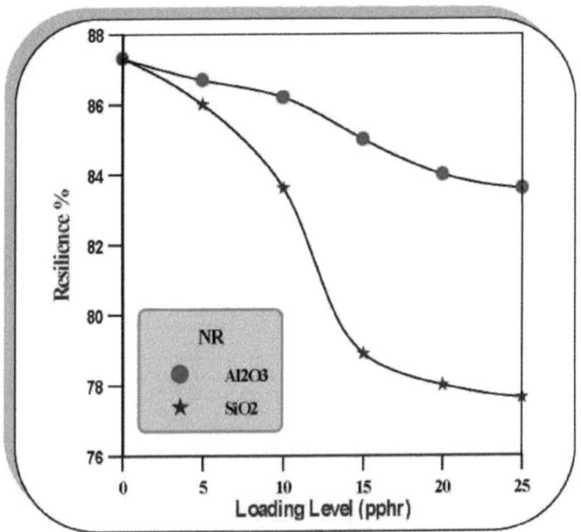

Fig. 5.25 Resiliência ao ressalto vs. nível de carga das cargas de reforço Al_2 O3 e SiO_2 para o compósito NR.

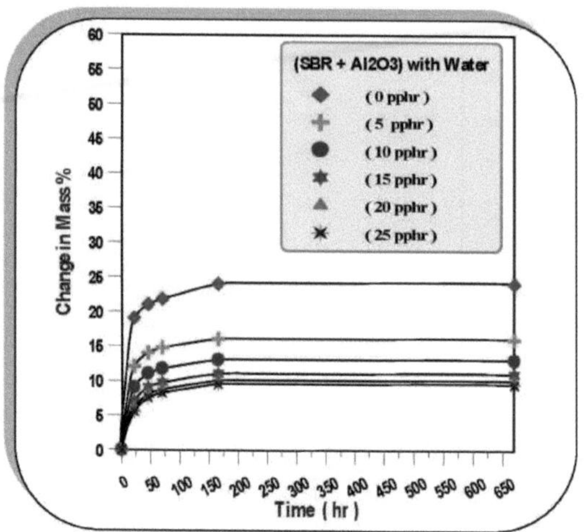

Fig. 26 Variação da massa% vs. tempo de imersão em água para o compósito SBR reforçado com cargas de Al O3.2

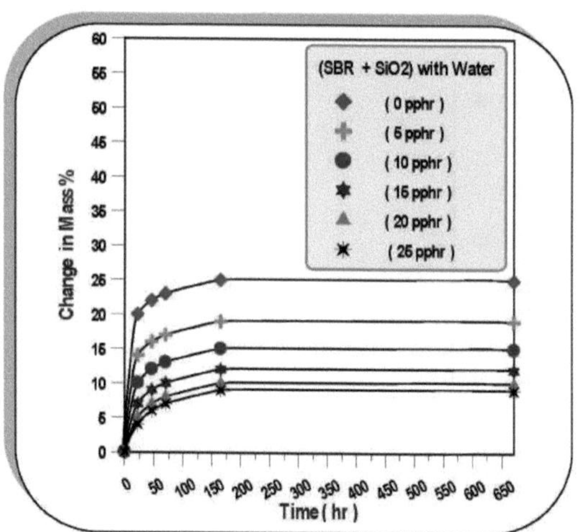

Fig. 5.27 Variação da massa% vs. tempo de imersão em água para o compósito SBR reforçado com cargas de SiO_2 .

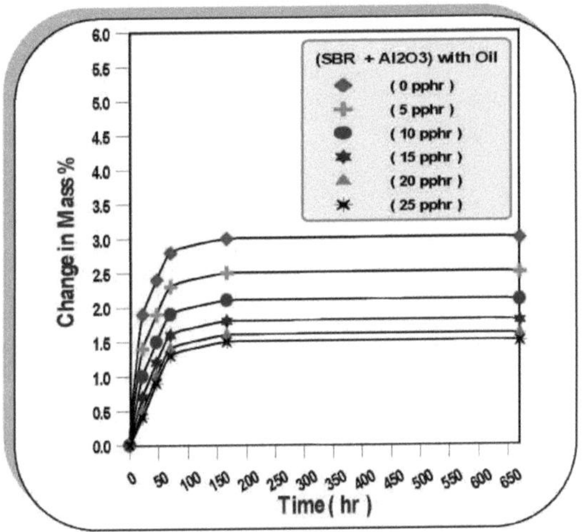

Fig. 5.28 Variação da percentagem de massa vs. tempo de imersão em água para o compósito de NR reforçado com cargas de Al_2 O3.

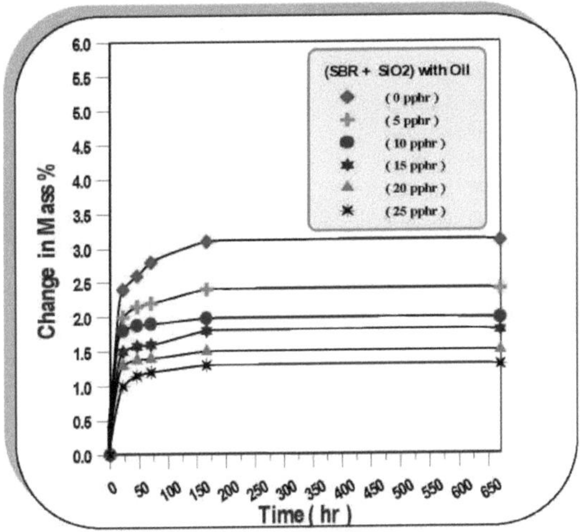

Fig. 5.29 Variação da percentagem em massa vs. tempo de imersão em água para o compósito de NR reforçado com cargas de SiO_2 .

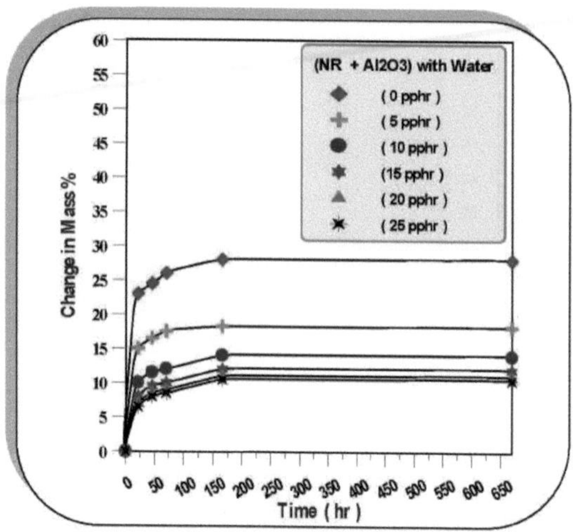

Fig. 5.30 Variação da massa% vs. tempo de imersão em óleo de motor para o compósito SBR reforçado com cargas $Al2O_3$.

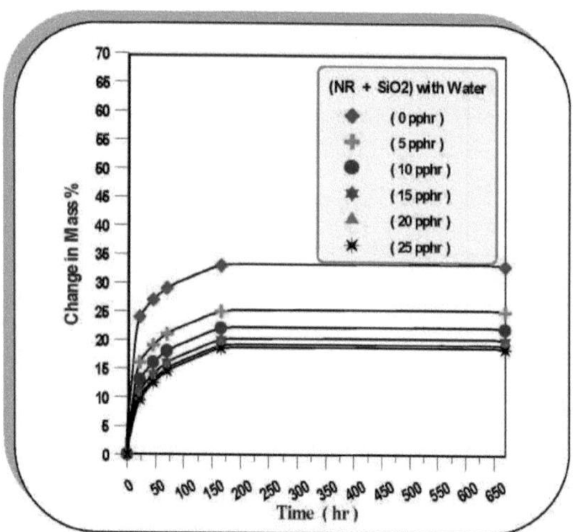

Fig. 5.31 Variação da massa% vs. tempo de imersão em óleo de motor para o compósito SBR reforçado com cargas de SiO_2.

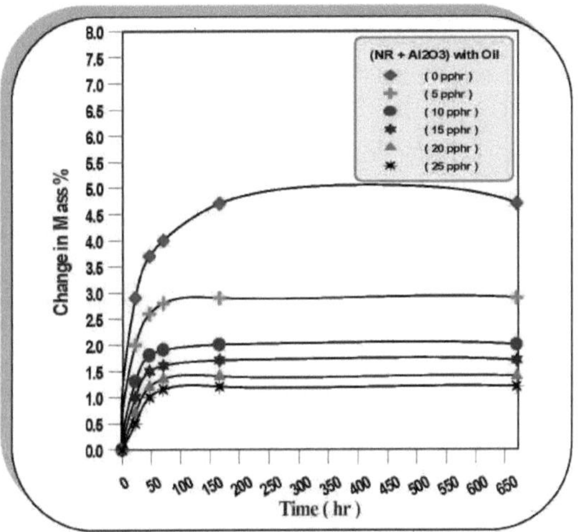

Fig. 5.32 **Variação da percentagem de massa vs. tempo de imersão em óleo de motor para o compósito NR reforçado com cargas Al O_{23} .**

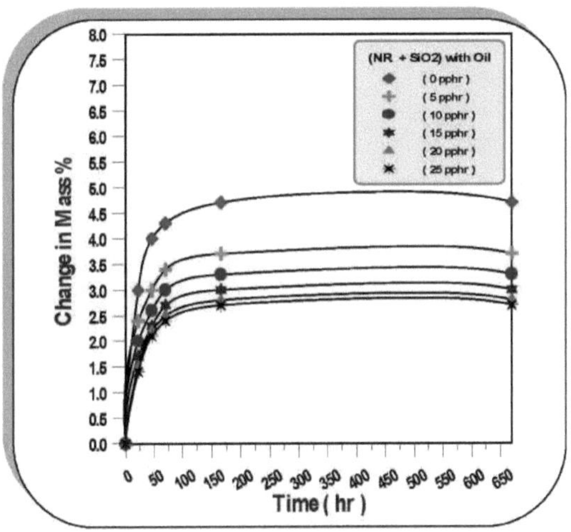

Fig. 5. **33) Variação da massa% vs. tempo de imersão em óleo de motor para o compósito NR reforçado com cargas de SiO_2 .**

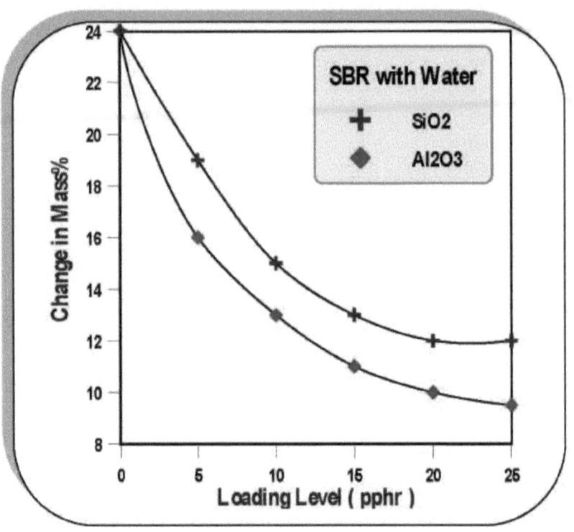

Fig. 5.34 Mudança na massa% vs. nível de carga das cargas de reforço Al2O_3 e SiO2 para o compósito SBR imerso em água.

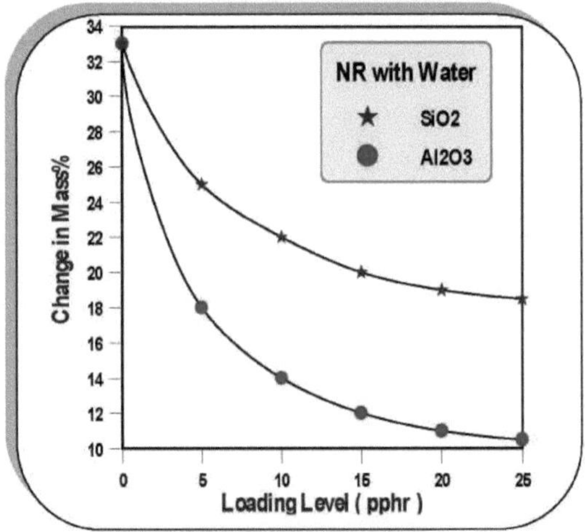

Fig. 5.35 Mudança na massa% vs. nível de carga das cargas de reforço Al2O_3 e SiO2 para o compósito NR imerso em água.

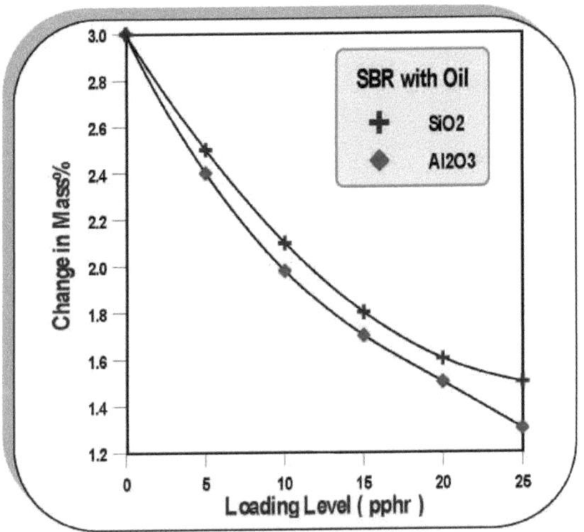

Fig. 5.36 Mudança na massa% vs. nível de carga das cargas de reforço $Al2O_3$ e SiO2 para o compósito SBR imerso em óleo de motor.

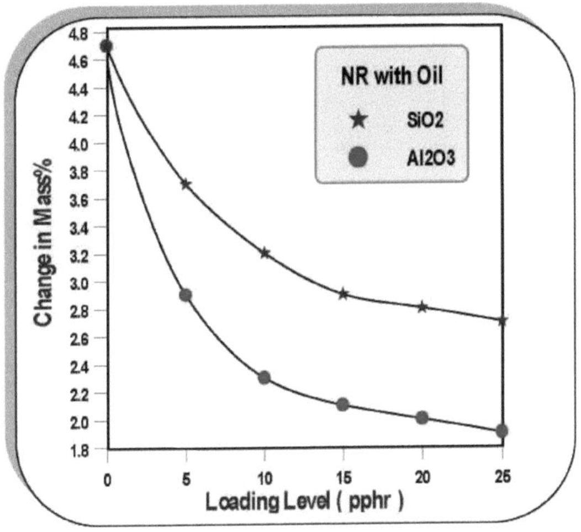

Fig. 5.37 Mudança na massa% vs. nível de carga das cargas de reforço $Al2O_3$ e SiO2 para compósito NR imerso em óleo de motor.

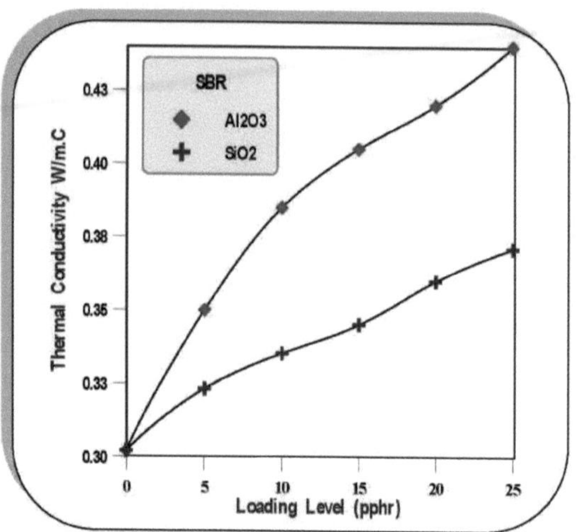

Fig. 5.38 Condutividade térmica vs. nível de carga das cargas de reforço $Al2O_3$ e SiO2 para o compósito SBR.

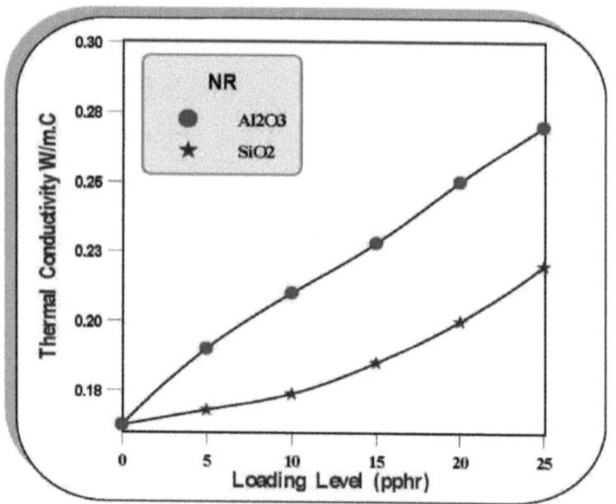

Fig. 5.39 Condutividade térmica vs. nível de carga das cargas de reforço $Al2O_3$ e SiO2 para o compósito NR.

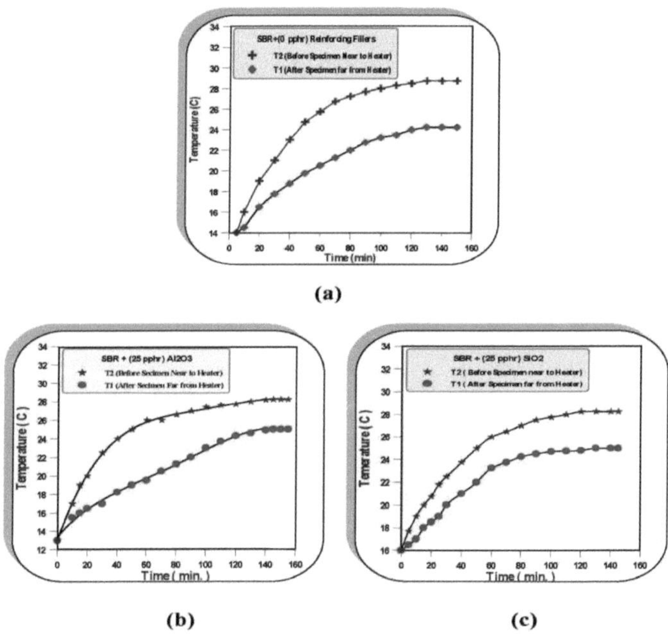

(a)

(b) **(c)**

Fig.5 .40Temperatura vs. Tempo para (a)-SBR. (b)- SBR + (25 pphr) A12O3. (c)- SBR + (25 pphr) SiO .2

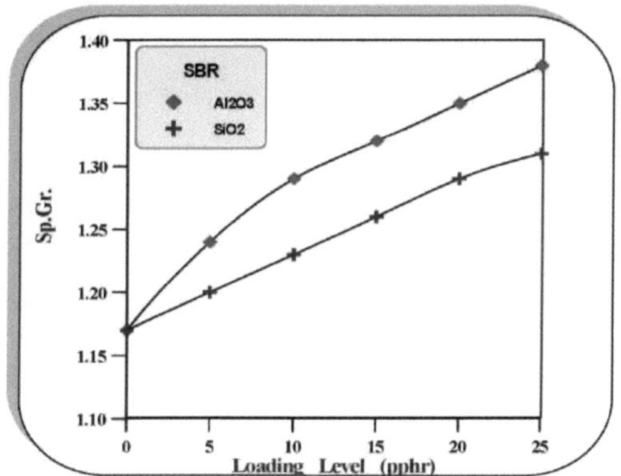

Fig. 5.41 Gravidade específica vs. nível de carga das cargas de reforço Al2O3 e SiO2 para o compósito SBR .

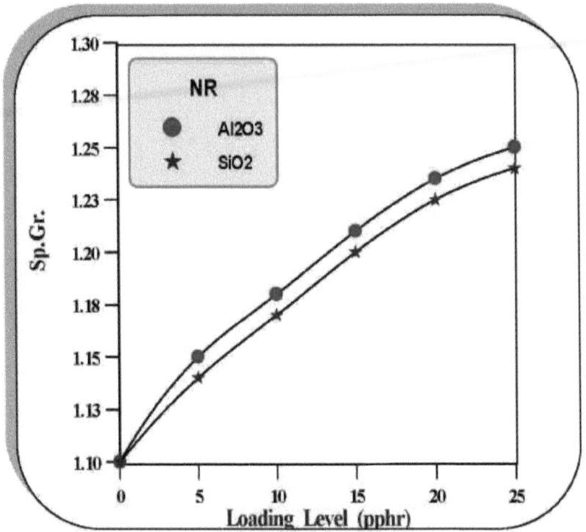

Fig. 5.42 Gravidade específica vs. nível de carga das cargas de reforço Al2O3 e SiO_2 para o compósito NR.

CONCLUSÕES E RECOMENDAÇÕES

Conclusões:

A adição de cargas de reforço (Al2.O.3 e SiO2) às borrachas (SBR e NR) leva a uma melhoria das propriedades mecânicas e físicas. As conclusões são:

1. A resistência à tração final, o módulo de elasticidade, as percentagens de alongamento na rutura e o módulo de compressão aumentam com o aumento do nível de carga das cargas de reforço $Al2O_3$. e SiO.2 . e para a SBR e NR. As cargas de SiO.2 . melhoram as propriedades de tração das borrachas mais do que as cargas de Al. O .23
2. Os valores mais elevados da resistência à tração final, do módulo de elasticidade, das percentagens de alongamento na rutura e do módulo de compressão foram obtidos a 25 pphr de cargas de reforço e para a NR mais do que para a SBR, como se mostra na tabela seguinte (6.1):

Tabela (6.1) Algumas propriedades mecânicas de SBR e NR a 25 pphr de cargas de reforço.

Compósito	Tensão final Resistência (MPa)	Módulo de Elasticidade (MPa)	Alongamento % na rutura	Módulo de compressão (MPa)
SBR+25 pphr A12.O3	33	9.98	158	16.5
SBR+25 pphr SiO.2	67	13	172	21
NR+25 pphr AI2.O3	37	15	210	18
NR+25 pphr SiO.2	70	18	350	22.7

3. A dureza dos compósitos de borracha aumenta com o nível de carga das cargas de reforço e atinge um valor máximo de (85 IRHD) e (85 Shore A) para a SBR reforçada com 25 pphr SiO,2 .. As cargas de SiO2 também melhoram a dureza mais do que as cargas de Al_2 .O_3 . para ambas as borrachas. A dureza da SBR é mais elevada do que a da NR com o mesmo nível de carga e cargas de reforço.
4. A taxa de desgaste abrasivo é reduzida pela adição de cargas (Al O_{23} . e SiO_2 .). A SBR reforçada com 25 pphr de SiO.2 tem a melhor resistência ao desgaste abrasivo.
5. A resiliência diminui com a adição de cargas de reforço. O carácter mínimo de resiliência (amortecimento máximo) do SBR reforçado com cargas de SiO_2 (25 pphr) foi de 65,59%. Também as cargas de SiO_2 . diminuem a resiliência mais do que as cargas de Al O .23
6. Verifica-se uma diminuição muito acentuada do inchaço da borracha com a adição de cargas e quando o nível de carga de cargas é aumentado.
7. A condutividade térmica da borracha aumenta com a adição de cargas de reforço. As cargas de Al_2 .O_3 . aumentam a condutividade térmica mais do que as cargas de SiO_2 . A SBR reforçada com 25 pphr de cargas de Al_2 .O_3 . tem a condutividade térmica máxima.
8. A gravidade específica das borrachas aumenta com o aumento do nível de carga das cargas de reforço.

Recomendações

1. Estudar as propriedades físicas e mecânicas de misturas de borracha de estireno butadieno e borracha natural SBR/NR, borracha de isopreno e borracha natural IR/NR, ou de borracha de estireno butadieno, borracha natural e borracha de isopreno SBR/NR/IR, reforçadas com sílica precipitada e

negro de fumo.

2. Estudar o efeito do nível de carga das cargas de reforço Al_2 O3. e $SiO_{.2}$. em conjunto a um nível de carga superior a 25 pphr nas propriedades mecânicas e físicas do compósito de borracha.
3. Estudar o efeito do agente de acoplamento do grupo silano (tipos e quantidade) no desempenho de outros compósitos de borracha.
4. Estudar o efeito do tamanho das partículas das cargas de reforço Al_2 .O3. e SiO_2 . no compósito de borracha.
5. Estudar o efeito do tipo de negro de fumo nos outros compósitos de borracha.

Referências

. G. Lubin, **"Handbook of Composite"**, Society of Plastic Engineering, SPE, Van Nostrand Reinhold VNR, Nova Iorque, (1982).

. W.D. Callister, **"Materials Science and Engineering"**, 6th edition, University of Utah, John Wiley and sons. Inc., (2003).

. J.W. Weeton, **"Engineering's Guide to Composite Materials"**, publicado pela American Society for Metals ASM, U.S.A., (1987).

. D. Roylane, **"Introduction to Composite Materials"**, Dep. of Material Science and Engineering, Massachusetts Institute of Technology, Cambridge, (2000).

. C.A. Harper, **"Modern Plastics Handbook"**, McGraw Hill Co., Inc., (2000).

. F.R. Erich, **"Science and Technology of Rubber"**, Polymeric Institute of New York, Academic Press AP, Inc., (1978).

. W. Bolten, **"Engineering Materials Technology"**, 3rd edition, Butter Worth Heinemann BH, Inc., (1998).

. C.A. Harper, **"Handbook of Plastics"**, the McGraw Hill Co., Inc., (2006).

. A.N. Gent, **"Engineering with Rubber**; How to Design Rubber Components", Hanser publisher, Oxford University, (1993).

. C.M. Blow, **"Rubber Technology and Manufacturing"**, publicado pelo Institute of the Rubber Industry IRI, (1981).

J.S. Havinga e S. De Meij, **"Engineering with Natural Rubber"**, Centro de Informação para a Borracha Natural, Instituto de Tecnologia Industrial, Países Baixos, (1999).

L.R.G. Trelor, **"The Physics of Rubber Elasticity"**, 3rd ed., Clarendon Press, Inc., Oxford, (1975).

D.C. Blackly e N. T. Pike, **High Polymer Lattices**, Vol.2, P. 630, Maclaren, Londres, (1979).

.E. Takiguchi, **"Carbon Black Filled Tire Tread"**, U.S. Patent 4567928, www.freepatentsonline.com, (1986).

J. E. Stamhuis, W. M. Greenewoud e J. Raadsen, **"Blend of Two SBR for Application in Tire Tread"**, Journal of Plastics and Rubber Processing and Applications, Vol. 34, No. 321, P. 9398, (1989).

.G. Heinrich, B. Arnold e T. Jessica, **"Progress in Colloid and Polymer Science"**, www.interscience.wiley.com, (1992).

H. Takino, R. Nakayama, Y. Yamada e S. Kojiya, **"Preparation blends of rubber for Tire Tread"**, Journal of Rubber Chemistry and Technology, Vol. 70, No.384, (1997).

M. Al-Hatimi, **"Improvement of Tread Properties of Babylon Tire"** Tese de Mestrado, Eng. College, Babylon University, (1999).

D. Parkinson, **"The Reinforcement of Rubber by Carbon Black"** Institute of Physics and IOP Publishing Limited, Research Center, Dunlop Rubber Co. Ltd., Birmingham, (2000).

. H. Ismail, R. Nordin e A. M. Noor, **"The Effects of Recycle Rubber Powder (RRP) Content and Various Vulcanization Systems on Curing Characteristics and Mechanical Properties of Natural Rubber/RRP"** Iranian Polymer Journal Vol. 5, No.12, P. 373-380, (2003).

A. Ahmed, H. Dahlan e I. Abdullah, **"Mechanical Properties of Filled R/LLDPE Blend"**, Universidade Kebangsaon da Malásia, (2004).

D. J. Zanzig e J. C. Aaron, patente dos EUA, 6812277, (2004).

. S.A. Sombatosompop, e M.M. Bohan, **"Fly Ash Particles and Precipitated Silica as Filler in Rubber SBR and NR"**, www.interscience.wiley.com, Banguecoque, Tailândia, (2004).

H. R. Jorge e J. H. Kim," **Study the Mechanical Properties and Fatigue Life of NR Composites"**, International Journal of Fatigue, Vol. 2, No.7, P. 263, (2005).

M.A. Sesarzadeh e G. R. Barvarz, **"Effect of Carbon Black on Rate Constant and Activation Energy of Vulcanization in EPDM/BR and EPDM/NR Blends"**, Iranian Polymer Journal, www.iranianpolymerjournal.com, Vol.14, No.6, P. 573-578, (2005).

M.H. Al-Maamory, **"Mechanical and Physical Properties of Rubber Composite"**, Tese de Doutoramento, Ciências Aplicadas, Universidade de Tecnologia, Bagdade, Iraque, (2006).

Y. Yamshita e A. Tanaka, **"Mechanical Properties of Rubber Reinforced with Rice Husk Charcoal"**, Universidade da Prefeitura de Shiga, Japão, (2007).

W.H. Waddell, **"Use of Reinforcing Silica in Molded Side Wall Compounds: Effect of Carbon Black Type, Polymer Type and Filler Level"**, Rubber World, The Free Library by

Farlex, www.freelibrary.com, (2007).

.A. Penot, C. Christoph e H. Vanes, **"Rubber Composition for Tire Comprising a Reinforcing Inorganic Filler and Coupling Agent" (Composição de borracha para pneus com um agente de enchimento inorgânico de reforço e um agente de acoplamento)**, patente dos EUA 6984689, www.Freepatentsonline.com, (2007).

A.E. Al-Kawas, **"Preparation of Rubber Composite as Bearing Pad and Study some of the Physical and Mechanical Properties for Bridges Pad Application"**, M.Sc. Thesis, Eng. College, Universidade da Babilónia, Babilónia, Iraque, (2007).

M.N. Hamza, **"Analysis of Large Strain and Time Dependant of Elastomeric Material under Monotonic and Cyclic Loading"**, Tese de Doutoramento, Mech. Eng., Universidade de Bagdade, Bagdade, Iraque, (2007).

M.H. Al-Hatimi, **"Optimization Study of Rubber Blends and Their Effects on Passenger Tire Tread properties"**, Tese de Doutoramento, Material. Eng., Universidade da Babilónia, Babilónia, Iraque, (2007).

A.J.B. Al-Mas'udi, **"Preparação de Materiais Compósitos de Borracha e Estudo da sua Utilização em Suportes para Absorção de Vibrações"**, Tese de Mestrado, Ciência em Eng. Materiais, Universidade da Babilónia, Babilónia, Iraque, (2008).

G.Platti, **"Advances in Composite materials"**, Applied Science Publishers Ltd, Delhi, (1978).

S.L. Kakani, **"Material Science"** 1st edition, Age International Publishers, Ltd., London, (2004).

K.K. Chawla, **"Composite Materials"**, Springer Nether land Inc., Nova Iorque, (1987).

R.P. Sheldon, **"Composite Polymeric Material"** School of Material Science Publishing, Londres, (1982).

.M. Chanda, S.K Roy, **"Plastic Technology Handbook"**, 4th edition,Taylor and Francis Group, LLC, (2006).

.(1992) ,J^1l 4~U "¿" *U^ " ,^ j^>f >1 .39 **JjL^ij ,J^AJ j 3-^ljJ ,4_eljj| ;^LkJl "** ,^A-je. **^-L** 2_^^ jUxe, .40 .(1986) ,^l^*J ,^jljjJk ~~"ik<>~,^-ij^l 4*4^11 , **"4^|.ia.^i|**

1.B. Segmour e N. Raymond, **"Modern Plastic Technology"**, CRC Press, Londres, (1975).

N.G. Mccrum, C.P. Bulkley, **"Priciples of Polymer Engineering"** 2nd edition, John Wiley and Sons, New York, (1997).

H.F. Mark e J. I. Kroschwitz, **"Encyclopedia of Polymer Science and Engineering"**, John Wiley and Sons, Nova Iorque, (1988).

M. Morton, **"Rubber Technology"**, Van Nestrand Reinhold, Nova Iorque, (1973).

.www.britanica.com, **"Elastómero"**, Enciclopédia Britânica, (2007).

M. Tatum, **"What is Styrene Butadiene Rubber"**, Conjecture Corporation, www.wisexGEEK.com, (2007).

.www.britanica.com, **"Rubber"**, Encyclopedia Britannica, (2007).

S. Soltani, F. Abbasi, **"Effect of Carbon Black Type on Viscous Heating, Heat Build up, and Relaxation Behavior of SBR compounds"**, Iranian Polymer Journal, Vol.14, No.8, P. 745-751 (2005).

.H.J. Fabris, I. G. Hargis, **"Tire Tread Compositions of Isoprene Styrene Butadiene Emulsion Polymers with 1,4 cisPolyisoprene Rubber"**, U.S. Patent 5294663, www.freepatentsonline.com, (1994).

T. Saito, **"Determination of Styrene Butadiene and Isoprene Tire Tread Rubbers implied Particulate Matter"**, Instituto de Tecnologia de Kanagawa, Japão, (2007).

W.H. Wadell, **"A review Isobutylene-Based Elastomer Used in Automotive Applications"**, Rubber World, the Free Library by Farlex, (1999).

www.International Institute of Synthetic Rubber Producer, **"Emulsion Styrene Butadiene Rubber(E-SBR)-History,**

Development and applications of styrene Butadiene Rubber", Mid-Mountain Materials, Inc., (2007).

.www.azom.com, **"Natural Rubber-History and Development in the Natural Rubber Industry"**, (2008).

.www.Standard-Gasget.com, **"Production and Development of Elastomers"**, Metro Industries, Inc., (2005).

.www.britanica.com, **"Elastomer-Production of Elastomer"**, Encyclopedia Britannica, (2005).

.www.GOLAITH.com, **"Cure System and Carbon Black Effects on NR Compound Performance in Truck Tires"**, Rubber World, (2007).
G. Agostini, e T. Edam, **"Rubber Composition and Tire Having Tread thereof"**, Patente dos EUA 6172137, (2001).
M. Morton, **"Rubber Engineering"**, Tata McGraw-Hill Co., Delhi, (1998).
M.N Robin, **"Rubber Elasticity"**, 2nd Edition, CRC Press, (1999).
.B. George e W. H. Waddell, **"Strengthening Mechanism of Particulate Composites"**, Institute of Plastics Journal IP, Inc., (2000).
.www.britanica.com, **"Rubber; Filler"**, Encyclopedia Britannica, (2006).
.S. Burgess, **"Careful Use of Fillers Can Enhance Rubber Compounds", www.FILLINGINTHEGAPS.com,** Oklahoma, (2007).
D. Parkinson, **"The Reinforcement of Rubber by Carbon Black",** Centro de Investigação, Dunlop Rubber Co. Ltd., Birmingham, (1951).
.Mayu Si, e T. Koga, **"Effect of Carbon Black on Elastomer Blends"**, Polymers at Engineered Interfaces, publicado por Garcia MRSEC, Austin, (2003).
.www.columbianchemicals.com/portals, **"Rubber Carbon Black"** (2006).
.www.ppiatlanta.com/silica, **"What is Treated Silica" (O que é a sílica tratada)**, Nottingham Company, (2004).
.www.domaincvd.com, **"Silicon Dioxide; Properties and Applications"**, Time Domain CVD, Inc., (2008).
G. Agostini, e U. Frank, **"Silica Reinforced Rubber Composition and Use in Tires"**, Patente dos EUA 5580919, www.freepatentsonline.com, (1996).
G. Agostini, e U. Frank, **"Tire with silica Reinforced Which Contains Specified Carbon Black"**, Patente dos EUA 6111008, www.freepatentsonline.com, (1998).
J. Edward, **"Silica Containing Tire Compositions for Suppression of Static Electricity Accumulation"**, Patente dos EUA 5872171, Patent Storm LLC, (1999).
D.E. Cain, **"Silica Reinforced of Oil Field Elastomers for Improved Decompression Resistance"**, Rubber world, (2004).
P. Nontasorn e S. Chavadej, **"Admicellar Polymerization Modified Silica via a Continuous Stirred-tank Reator System: Comparative Properties of Rubber Compounding"**, Chemical Engineering Journal, Vol. 108, P. 213-218, www.elsevier.com/locate/cej. (2005).
. www.azom.com/ads/abmc.aspx, **"Alumina 99,5% (Al O_{23}) Data, Properties, Grades and Tolerances"**, Dados do fornecedor da Insaco, (2008).
.www.accuratus.com, **"Aluminume Oxide, $Al2O_3$** " Accuratus Co., (2008).
.Standard Test Method for Rubber Properties in Tension **D 412**, Annual Book of ASTM Standard, Vol. 09.01, (1988).
Standard Test Method for Rubber Properties-Durometer Hardness **D 2240**, Annual Book of ASTM Standard, Vol. 09.01, (1988).
Standard Test Method for Rubber Properties-International Hardness **D 1415**, Annual Book of ASTM Standard, Vol. 09.01, (1988).
J.J. Busfield, H. Liang e Y. Fukahori, **"Abrasion of Elastomer Materials"**, Material Department Research, Queen Marry, University of London, www.materials.qmul.ac.uk/rubber, (2007).
Standard Test Method for Rubber Property-Abrasion Resistance **D 2228**, Annual Book of ASTM Standard, Vol 09.01, (1988).
Livro Anual da Norma ASTM, **D 5963**, p 544, (1999).
M. Andrew, e K. Chawla, **"Mechanical Behavior of Materials"** Prentice Hall, New Jersey, (1999).
. Standard Test Method for Rubber Property-Resilience Using a Rebound Pendulum **D 1054**, Annual Book of ASTM Standard, Vol. 09.01, (1988).
.www.greenrubber.com, **"Liquid Resistance of Rubber"** Rubber world, (2008).
Standard Test Method for Rubber Property-Effect of Liquid **D 471**, Annual Book of ASTM Standard, Vol. 09.01, (1988).
J.E. Parrot e A. D. Stuckes, **"Thermal Conductivity of solids"**, Arrow smith, (1975).
Standard Test Method for **Density** and Specific Gravity **D 792**, Annual Book of ASTM Standard, Vol. 09.01, (2006).
Compound Formulation Instruction by Technology Division, State Company of Babylon Tire

Document No. 13, (1982).
.www.polymerweb.com, **"Specific Gravity of Major Polymers" (Gravidade específica dos principais polímeros)**
W.M. Saltman, **"Styrene Butadiene Rubber"**, Rubber Technology, Vol. 12, No.2, P. 178, publicado por Van-Nor strand Reinhold Co., (1973).
.www.shreejifinechem.com/product, **"Typical Physicochemical Properties of Precipitated Silica (Powder Product)" (Propriedades físico-químicas típicas da sílica precipitada (produto em pó))**, (2008).
.www.negevsilica.com/company/partnership, **"Specialty Silica"**, Diamond Silica Co. Ltd., (2008).
. www.rhodi-silica.com/character-menu, **"Physical Characteristics of Precipitated Silica"**, Rhodi Co., (2008).
.www.supersilsilica.com, **"Physico-Chemical Characteristics of Precipitated Silica"**, SuperSil Chemicals, India PVT.LT, (2008).
Standard Practice for Rubber-Materials, Equipment, and Procedures for Mixing Standard Compounds and Preparing Standard Vulcanized Sheets **D 3182**, Annual Book of ASTM Standard, Vol. 09.01, (1988).
95.www.plasticrubbermachines.com/product, **"Rubber Processing Machinary"**, Plastic & Rubber Machinery Marketplace, Santec India Co., (2008).
96.M.G. Peakmam, **"Rubber Vulcanization"**, publicado pelo Journal of Institute of the Rubber Industry IRI, Fev., P 35, (1970).
97.C. M. Blow, **"Rubber Technology and Manufacturing"**, publicado por Butter Worths, Londres, (1977).
98.S.M. Elie, **"Study of Mechanical Properties and Thermal Conductivity for Polymer Composite Material Reinforced by Aluminum and Aluminum Oxide Particles"**, Dissertação de Mestrado, Universidade de Tecnologia, Bagdade, Iraque, (2007).
99..D. Yu, M. Malin, **"Highly Filled Particulate Composite Enhancement of Performances by Using Compound Coupling Agents"**, Journal of Materials Science, Vol. 25, (1990).
W.A. Wood, **"The Study of Metal Structure and Their Mechanical Properties"** Perg Amon Press, (1977).
D. Hols, K. Janssen, e K. Fredrick, **"Abrasive Wear of Ceramic-Matrix Composites"**, Journal of the European Ceramic Society, (1989).
G.Y. Lee, C.K. Dharan, e R.O. Ritchie, **"A Physically-Based Abrasive Wear Model for Composite Materials"**, Depart. Of Materials Science and Engineering, University of California, (2007).
K.H. Zum, **"Abrasive Wear of Two Phases Materials with a coarse Microstructure"**, Conferência Internacional de Desgaste de Materiais, Sociedade Americana de Engenharia de Materiais, (1985).

Printed by Books on Demand GmbH, Norderstedt / Germany